园林道路设计与施工

王晓琳　刘芳艳　辛　艳　著

江苏凤凰美术出版社

图书在版编目（CIP）数据

园林道路设计与施工 / 王晓琳，刘芳艳，辛艳著
. -- 南京：江苏凤凰美术出版社，2023.8
ISBN 978-7-5741-1207-0

Ⅰ. ①园… Ⅱ. ①王… ②刘… ③辛… Ⅲ. ①公园道路－园林设计②公园道路－工程施工 Ⅳ. ① TU986.4

中国国家版本馆 CIP 数据核字 (2023) 第 148204 号

出版统筹 王林军
责任编辑 韩 冰
责任设计编辑 唐 凡
特邀审校 杨 琦
装帧设计 张僅宜
责任校对 王左佐
责任监印 唐 虎

书　　名 园林道路设计与施工
著　　者 王晓琳 刘芳艳 辛 艳
出版发行 江苏凤凰美术出版社（南京市湖南路1号 邮编：210009）
总 经 销 天津凤凰空间文化传媒有限公司
印　　刷 河北京平诚乾印刷有限公司
开　　本 710 mm × 1000 mm 1/16
印　　张 9
版　　次 2023年8月第1版 2023年8月第1次印刷
标准书号 ISBN 978-7-5741-1207-0
定　　价 79.00元

营销部电话 025-68155675 营销部地址 南京市湖南路1号
江苏凤凰美术出版社图书凡印装错误可向承印厂调换

前言

园林道路作为风景园林环境中的重要组成部分，其设计与建设与风景园林场地建设成功与否息息相关。但是在实际工程中，经常由于设计、施工以及养护过程中经验欠缺或对建设环节把控不够严格，从而导致园林道路的选线不合理、道路质量不高或使用过程中破坏严重。特别是园林道路的施工管理方面，一直没有统一的标准规范，纵观整个行业，设计、施工、养护的水平参差不齐。笔者深感需要一个园林道路设计、施工、管理的导则，可以让参与园林道路设计施工的管理人员参考。

本书基于笔者二十多年来的工作经验，对园林道路的设计与施工以及养护作了总结与分析，是一本关于园林道路的设计、施工、管理的导则性图书。它对园林道路的建设进行了系统性的阐述，并辅以详细的案例图片、设计方案，让读者直观地了解到园林道路的类型、材料、构成以及设计方案，并对反面案例进行分析解读。希望本书能够为读者提供有益的参考，并对实际工作有一定的帮助。

撰写过程中，笔者的诸位同事和老师提供了撰写图书所需的资料、图片以及撰写建议，在此表示衷心的感谢。

王晓琳　刘芳艳　辛　艳

2023 年 3 月

目录

1

园林道路概述

1.1 园林道路的概念

园林道路，指园林中的道路工程，包括园林道路布局、路面层结构和地面铺装等的设计。园林道路是园林的组成部分，起着组织空间、引导游览、交通联系和提供散步休息场所的作用。它像脉络一样，把园林的各个景区连成整体。园林道路本身又是园林风景的组成部分，蜿蜒起伏的曲线，丰富的寓意，精美的图案，都给人以美的享受。

园林道路宽度一般为 0.9 ~ 8.0 米，园林道路应根据公园总体设计确定的路网及等级，进行园林道路宽度、平面和纵断面的线形以及结构设计。

1.2 园林道路的作用

园林道路如园中的脉络，既是贯穿全园的交通网络，又是分隔各个景区、联系不同景点的纽带。

1.2.1 组织交通

交通功能是园林道路的基本功能，可以将游人带到绿地中的不同区域，并且通过园林道路的分级和设计，强化绿地的功能和造景的目的。例如，公共空间的园林道路大都等级较高、宽度较大，并以直线、较大的曲线为主，而到达私密空间的园林道路基本都较窄、等级较低，线形也多以曲线为主，达到曲径通幽的效果。

1.2.2 引导游览

“人随路走”“步移景异”是园林造景的“境界”要求。园林道路有组织园林的观赏程序，向游客展示园林风景画面的作用。

1.2.3 划分空间，构成园景

园林中常常利用地形、建筑、植物或道路把全园分隔成各种不同功能的景区，同时又通过道路把各个景区联系成一个整体。

1.3 园林道路的基本构成

通常园林道路自下而上分成路基、垫层、基层、结合层、面层，根据园林道路的具体情况可不设垫层。

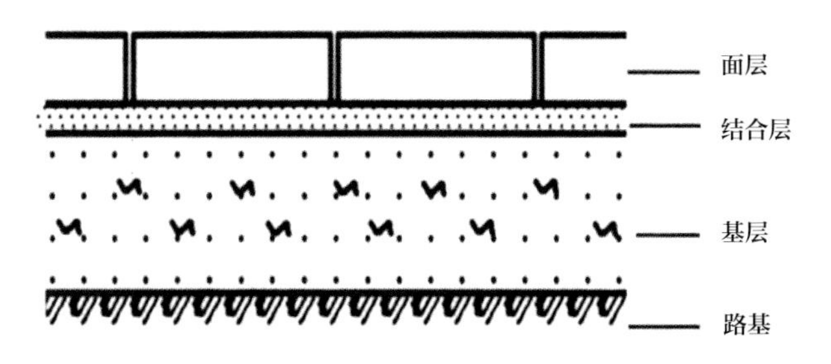

园林道路基本构成

1.3.1 路基

路基是路面的基础，它不仅为路面提供一个平整的基面，承受路面传下来的荷载，同时还是保证路面强度和稳定性的重要条件之一。一般黏土或砂性土开挖后用蛙式夯夯实三遍，如无特殊要求，就可直接作为路基。在严寒地区，严重的过湿冻胀土或湿软呈橡皮状土，宜采用 1 ∶ 9 或 2 ∶ 8 灰土加固路基，其厚度一般为 15 厘米。

1.3.2 垫层

垫层的主要作用是排水、隔温、防冻，用来防止路基排水不良，或防止路面因冻胀、翻浆导致损坏，一般用煤渣土、石灰土等筑成。在园林中可以用加强基层的办法，而不另设此层。

垫层的常用材料有松散性材料和整体性材料两种，松散性材料包括砂、砾石、炉渣、片石、卵石等，适用于透水性垫层；整体性材料包括石灰土、炉渣石灰土等，适用于稳定性垫层。

1.3.3 基层

一般在路基之上，起承重作用。一方面支承由面层传下来的荷载，另一方面把此荷载传给路基。根据道路功能和级别，基层一般用钢筋混凝土、素混凝土、二灰土、煤渣石灰土、天然级配砂石等材料铺设。

表 1-1 道路基层常用材料

材料名称	特点
素混凝土	荷载低，不过车的道路
钢筋混凝土	荷载高，过车的道路
石灰土：石灰、土、水，三七灰土或二八灰土（3：7或2：8）	力学强度高，整体性、水稳定性、抗冻性较好，适合于各种路面的基层和垫层
二灰土：石灰、粉煤灰、土、水	具有比石灰土还高的强度，板体性和水稳性较好，但由于二灰土都是由细料组成，对水敏感性强，初期强度低，在潮湿寒冷季节结硬很慢，因此冬季和雨季施工较难
煤渣石灰土：石灰、土、煤渣、水	具有石灰土的全部优点，因为由粗骨料做骨架，所以强度、稳定性和耐磨性均比石灰土好。另外因为其早期强度高有利于雨季施工，其隔温防冻、隔泥排水性能也优于石灰土，所以多用于地下水位较高或靠近水边的道路铺装场地
干结碎石基层：碎石、嵌缝料（粗砂或石灰土）	不洒水或少洒水，依靠充分压实及用嵌缝料充分嵌挤，是石料间紧密锁结构成具有一定强度的结构。常应用于园林的主路
天然级配砂石	用天然的低塑性石料，经摊铺整形并适当洒水碾压后所形成的具有一定密度和强度的基层结构。适用于园林中各级路面

1.3.4 结合层

结合层是在采用块料铺筑面层时，在面层和基层之间，为了结合和找平而设置的一层。结合层不起承重作用，大都以干砂、砂浆铺设。

表 1-2 结合层常用材料

材料名称	特点
白灰干砂	施工时操作简单，遇水后会自动凝结，由于白灰遇水体积膨胀，密实性好
混合砂浆（水泥砂浆）	由水泥、白灰、砂组成，整体性好，强度高，黏结力强。适用于铺筑块料路面。造价较高
净干砂	施工简便，造价低。经常遇水会使砂子流失，造成结合层不平整

1.3.5 面层

面层是道路最上面的一层，它直接承受人流、车辆和大气因素如风、雨、雪等的破坏。面层设计要坚固、平稳、耐磨耗，具有一定的粗糙度、少尘性，便于清扫。

面层是园林道路展示在人们面前的部分，对视觉观感要求较高，园林道路中常用的面层有石材（片石和卵石）、砖材、木材、混凝土等。

1.4 园林道路的分类

1.4.1 按级别分

根据园林道路的尺度和在绿地中承担的作用，可分为以下几种园林道路：

（1）主园林道路——从园林景区入口通向全园各主景区、广场、公共建筑、观景点、后勤管理区，形成全园骨架和环路，组成导游的主干路线，宽度可达 7 ~ 8 米。

（2）次园林道路——是主园林道路的辅助道路，呈支架状连接各景区内景点和景观建筑，路宽可为主园林道路的一半。自然曲度大于主园林道路，以优美舒展和富有弹性的曲线线条构成有层次的风景画面。

（3）小径——是园林道路系统的最末梢，供游人休憩、散步、游览的通幽曲径，可通达园林绿地的各个角落，是通往广场、园景的捷径，允许手推童车通行，宽度 0.8 ~ 1.5 米不等，并结合园林植物小品建设和起伏的地形，形成亲切自然、静谧幽深的自然游览步道。

1.4.2 按材质及特征分

根据铺设园林道路的材料与特征，可以分为石材园林道路、混凝土园林道路、木栈道、汀步、嵌草铺装等。

1. 石板路

（1）铺设园林道路常见的石材

① 花岗岩：花岗岩是园林道路中最常见的石材，其强度较大，色彩繁多，加工方式多样，可用于多种园林环境。在花岗岩路面的应用中，同一区段应采用同一批次且耐磨耐酸、色泽均匀不偏色的花岗岩，面层处理一致，纹理排布均匀，整体自然无偏差。

花岗岩主要品种及要求如下：

芝麻白——黑色占比 20% ~ 30%，色泽均匀不偏色，整体灰白色。

芝麻灰——黑色占比 30% ~ 50%，色泽均匀不偏色，整体中灰色。

芝麻黑——黑色占比 50% ~ 80%，色泽均匀不偏色，整体深灰色。

中国黑——黑色占比 50% ~ 80%，色泽均匀不偏色，整体深灰偏黑色。

黄锈石——麻点均匀，颜色变化不突兀。

枫叶红、石岛红、樱桃红：花纹均匀，颜色一致，不偏色。

花岗岩的面层处理类型及要求如下：

抛光面——抛光观感好，表面光滑无起伏无偏差，不防滑，忌用于步行铺装。

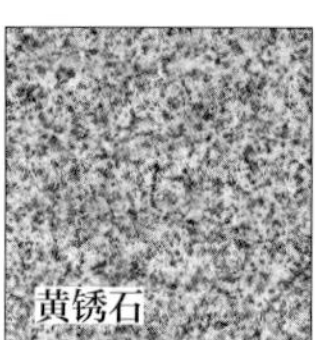

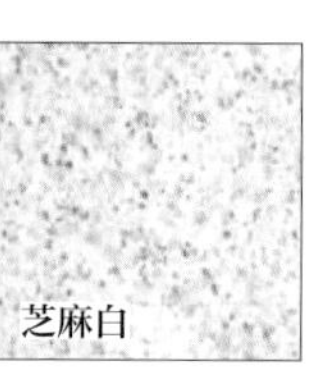

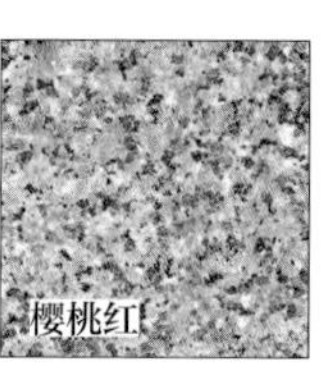

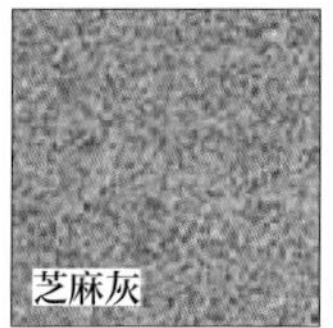

花岗岩的主要品种（花岗岩的色泽效果因不同的产地、面层处理方式及光照条件导致视觉差异较大，图片仅供参考，务必由设计方确认样板后才可进行施工。）

拉丝面——拉丝间距及深度应经过设计方确认，其防滑性较差。

机切面——机切部分平整光滑，具磨砂质感。

火烧面——火烧面是指用乙炔、氧气、丙烷或石油液化气为燃料产生的高温火焰对石材表面加工而成的粗面饰面。铺装常用，表面起伏均匀，无色差。

龙眼面、荔枝面、菠萝面——表面粗糙，以凹凸颗粒的大小不同分为这三个品种，常用于装饰性的石材表面，要求表面纹理均匀自然，无色差。

自然面——自然面是指在用锤子将一块石材从中间自然分裂开来，形成状如自然界石头表面凹凸不平的加工方法。自然面质感极为粗犷，大量地运用在小方块、路缘石等产品上面。具体设计中，自然面的表面起伏厚度范围应符合图纸设计。

花岗岩表面处理方式

② 火山岩：火山岩主要分为片状火山岩和块状毛石两大类，颜色有灰黑色和深红色两种。火山岩可用于青水砖外墙贴面装饰，也可用于道路、广场铺设、边缘装饰、别墅庭院地面铺装、树坑装饰、花池树池建造、台阶铺设等工程。

火山岩铺装案例

火山岩具有吸热、阻热特性，还能降低构筑物自身温度，便于人与景观互动。和普通的天然板岩、花岗岩相比，火山岩的多孔洞构造使其防水效果不是很好，因此，火山岩园林道路铺装应做好排水设计。在进行火山岩铺装加工时，应选择孔径均匀紧致，不偏色的材料进行加工。

③ 板岩：板岩是一种纹理清晰质地细密的石材，具自然石材质感，并且具有耐气候变化和耐污染的优点，缺点是难以加工成规则形状，多用于拼贴式铺装。

板岩铺装案例

2. 碎拼路面

碎拼路面包括单种材料（如卵石、块石）碎拼和多种材料碎拼。碎拼路面形式多样，图案多优雅大方，在中国传统园林中有着广泛的应用。常见的纹路有冰裂纹、十字海棠、四方灯景、长八方、长六方、万字符等吉祥图案。

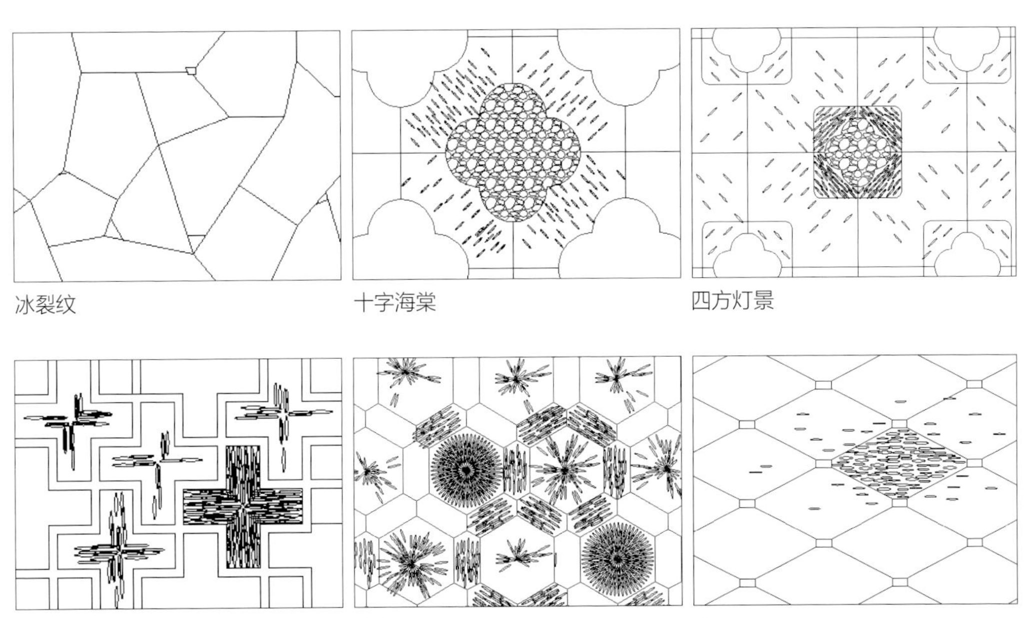

冰裂纹　十字海棠　四方灯景

万字　攒六方　长八方

除了常见的吉祥图案，中国古典园林还会用卵石等材料碎拼成松鹤延年等画作图案，这在苏州园林中较为常见。

苏州网师园松鹤延年铺地

3. 砖材路面

砖材是用烧结土、混凝土等材料进行烧制、预制加工而成的建筑材料，主要品种有：

水泥砖——即预制混凝土砖，包括嵌草砖，是最常见的铺装砖材，可以加工为各种形状和厚度，适用范围广。

烧结砖——指经过焙烧生产的砖材。其中，黏土砖是较传统的建筑材料，以青、红色为主，因生产过程污染较重，现已不提倡使用，可以选择非黏土烧结砖，具有透气、保水等特点。

透水砖——作为环保砖材，可透水、环保性强为其最主要特点，规格、颜色多样，在确认样板时应进行透水实验。

在使用砖材进行园林道路设计时，砖料品种、规格尺寸、外观质量、图案、厚度和强度要符合设计要求，无掉角和缺棱现象，表面清洁，色泽一致，图案清晰。

砖材路面案例

4. 透水混凝土路面

透水混凝土又称多孔混凝土、无砂混凝土、透水地坪，是由骨料、水泥、增强剂和水拌制而成的一种多孔轻质混凝土，不含细骨料。透水混凝土是由粗骨料与其表面包覆的一层薄水泥浆相互黏结而形成，其孔穴均匀分布呈蜂窝状结构，故具有透气、透水和重量轻的特点，而且色彩多样。

透水混凝土路面案例

5. 木材铺装

（1）主要木材种类及特点

巴劳木：木色多为浅褐色，密度高，耐磨性强，适合户外使用。

菠萝格：硬度大，防腐性强，美观耐久。

柳桉木：一般分为黄柳桉和红柳桉两种。黄柳桉纹理直或斜面交错，易加工；红柳桉加工较难，木制偏硬，弹性大，易变形。

芬兰木：密度高，强度大，握钉力好，纹理清晰，极具装饰效果，主要作为软木装饰用材。

樟子松：材质细、纹理直，经防腐处理后，可有效抑制木材含水率的变化，降低木材的开裂程度。

木材铺装种类

（2）木材加工

木材加工之前应由设计方、业主确认选材样板，进行定样。应选用坚固、不易变形、耐腐的硬质木材品种。加工时需要求供应商做到以下几点：第一，采用等级高、结疤少的原木进行加工；第二，必须对所有木料进行防腐、防虫处理；第三，提供同一批次的材料，色差小，纹理一致，统一处理。

选择结疤少、表面光滑、色差小的木材

木材具体加工要求如下：

① 尺寸符合设计要求。

② 表面光洁、顺直、无裂痕，缝隙顺直，缝宽符合设计要求，最大允许偏差为 2 毫米。

③ 平整度、坡度符合设计要求，平整度最大允许偏差为 2 毫米。

④ 漆面光洁、无毛刺。

⑤ 固定件顺直、美观、牢固。

木材路面要求缝隙顺直，漆面光滑

（3）面层处理

应根据木材使用环境、装饰对象的不同，选择不同处理方式。表面纹理需均匀排布，整体自然无偏差。

自然处理：维持木材自然纹理，表面粗糙，质感强。

木油处理：有水性木油、耐候木油、木蜡油处理等多种方式。木油具有优异的渗透和附着力，它在木材表面形成的保护涂层能抵抗阳光中紫外线的辐射，有效阻止木材开裂、变形。

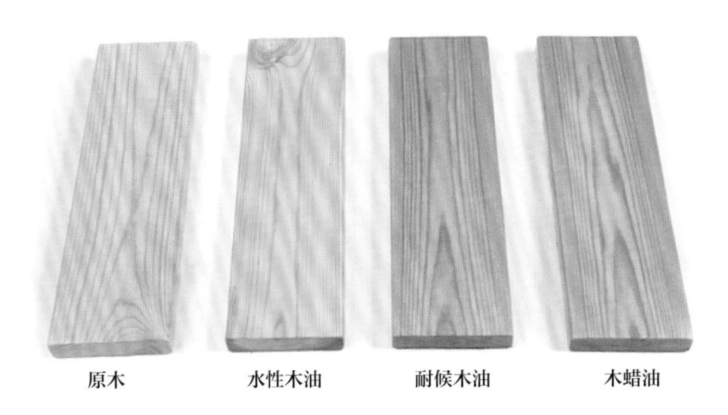

木油处理效果

桐油处理：桐油是优良的干性植物油，具有干燥快、光泽度好、附着力强、耐热、耐酸、耐碱、防腐、防锈、不导电等特性。

桐油处理效果

清漆处理：在木材表面涂抹清漆，干燥后形成光滑薄膜，可以显出木材原有的纹理，并在表面形成光亮效果。

清漆处理效果

炭化处理：炭化处理是在不用任何化学剂条件下通过高温对木材进行同质炭化处理，使木材表面产生深棕色的美观花纹，并取得防腐及抗生物侵袭的效果，处理后得到的炭化木含水率低、不易吸水、材质稳定、不易变形、完全脱脂不溢脂、隔热性能好、施工简单。

炭化处理效果

6. 嵌草铺装、植草停车位

嵌草路面属于透水透气性铺地。有两种类型，一种为块料路面铺装时，在块料与块料之间留有空隙，在其间种草，如冰裂纹嵌草路、空心砖纹嵌草路、人字纹嵌草路等；另一种是制作成可以种草的各种纹样的混凝土路面砖。

植草停车位就是铺设嵌草铺装的停车位。

植草停车位和嵌草铺装

7. 汀步

最早的汀步指的是设置在水上的步石，后来常把旱地上的步石也称作汀步。汀步多选体积较大、外形不规整而表面比较平的山石，散置于浅水处，石与石之间高低参差、疏密相间，取自然之态，或与植物相配，能使水面或绿地富于变化，使人易于蹑步而行。

设在水上的汀步

汀步可以规则排列也可以不规则排列。规则式排列应大小统一，间隔均匀，简洁大方。

草坪中的规则式汀步

水面上的汀步可与绿地中的步石连续设置，使水面或绿地富于空间景观变化。

水面与草地连续设置汀步

1.4.3 园林道路附件——路缘石与台阶、礓礤、磴道

1. 路缘石

路缘石是指用在路面边缘的界石，路缘石也称路沿石、路边石或路牙石，常用的材料为石材或者混凝土预制件。路缘石是在路面上区分车行道、人行道、绿地的界线，起到保障安全、保证路面边缘整齐和护土的作用。路缘石一般分为立路缘石和平路缘石两种形式，它们安置在路面两侧，使路面与路肩在高程上起衔接作用，并能保护路面，便于排水。路缘石一般用麻石或混凝土制成，也可用瓦、砖等。

起到边界和防护作用的路缘石

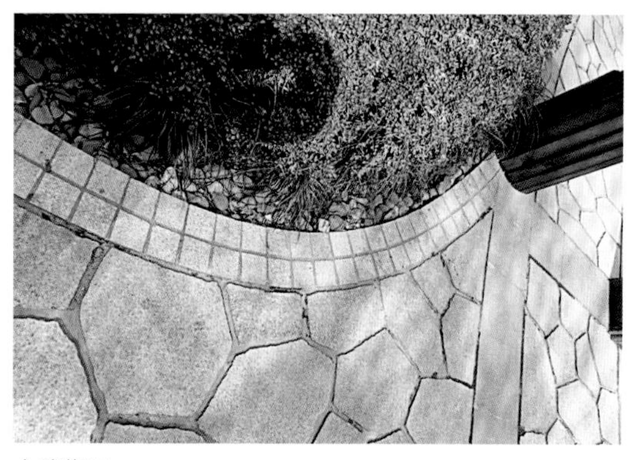
立路缘石

平路缘石

2. 台阶

台阶是由于地面坡度较陡（一般地面坡度大于 12° ）时为方便行走设置的，由踏步和平台两部分组成，能完善地形的竖向设计内容，增加空间景观。台阶的宽度与路面相同，每级台阶的高度为 12 ～ 17 厘米，宽度为 30 ～ 38 厘米。每 10 ～ 18 级后设一段平台。在园林中，台阶可用天然山石、预制混凝土做成木纹板、树桩等各种形式，装饰园景。

台阶的设置

3. 礓礤

在坡度较大的地段上，一般纵坡超过 12° 时，本应设台阶，但为了能通行车辆，将斜面做成锯齿形的坡道，称为礓礤。

4. 磴道

在地形陡峭的地段，可结合地形或利用裸露岩石设置磴道。当其纵坡大于 60° 时，应做防滑处理，并设扶手栏杆等。

礓礤

1.4.4 明沟和雨水井

明沟和雨水井是为收集路面雨水而建的构筑物，在园林中常用砖块砌成。

碎石排水明沟

雨水井

1.4.5 种植池

在路边或广场上栽种植物，一般应留种植池，在栽种高大乔木的种植池周围应设保护栅。

种植池

2

园林道路的设计

2.1 园林道路的设计原则

2.1.1 园林道路路线布局的原则

（1）因地制宜，因景制宜，有利造景。布置园林道路要紧密结合地形，充分利用有利条件，避开和清除不利因素，最大限度地发挥地形要素的各种实用功能和造景潜力。

水边的园林道路

庭院园林道路

山地园林道路

（2）要根据游人游园需要来设计路线。分析游人的活动规律，照顾其散步、游览习惯，使园林道路线形既曲折起伏，达到步移景异、路景变换的效果，又不矫揉造作，过度弯曲，使人感到别扭和不方便。

（3）园林道路系统布置要主次分明，结构清楚。主园林道路、次园林道路和小路的宽度级别要有明显区分，使人能够很容易认清园林道路系统的结构，避免在园中迷路。园林道路设计还要发挥引导作用，突出园林主景、主景区和主要导游线，做到园景重点突出，中心明确，结构关系紧密、协调和统一。

（4）园林道路的线形设计应与地形、水体、植物、建筑物、铺装场地及其他设施结合，形成完整的风景构图，创造连续展示园林景观的空间或欣赏前方景物的透视线。

（5）植物造景和遮阴作用需要在园林道路的选线选点中得到充分满足，园林道路沿线应当有植物造景和植物遮阴种植的用地，以避免游人游园时受到暴晒，但同时还要保证充分的景观视线。

（6）尽量减少土石方工程量，以节约工程投资。通过避开软弱地基、截弯取直、随高就低、利用旧路等方法进行选线选点处理，以较少的资金，完成较多园林道路的修筑。

2.1.2 园林道路设计的现场工作

园林道路设计要做好充分的现场调查，主要内容如下。

（1）了解规划路线基地的现状，对照地形图核对地形，将地形有变化的地方测绘、记载下来。

（2）了解园林道路基地的土壤、地质和水文情况以及地表积水的范围和积水原因。

（3）掌握基地内现状道路、场地、建筑物，构筑物、水体、植物生长的基本情况，特别是要明确有没有具有保留价值的古树名木和历史遗迹。

（4）了解基地内地上地下的管线分布及走向，分析其与园林道路设计的关系。

（5）了解园外道路的走向、级别、宽度、交通特点，公园出入口与园外道路连接处的标高情况等，再根据所确定的道路场地类别或设计形式，确定园林道路的宽度并进行相应的道路线形设计。

2.1.3 园林道路系统的设计

1. 园林道路系统的设计原则

（1）园林道路系统首先要满足交通功能，起到对游人的集散、疏导作用。满足园林绿化、建筑的维修、养护、管理工作以及安全、防火等对交通运输的需要。

（2）园林道路系统需要组织园林景观观赏的序列。通过主干道、次干道和游步道把游人引导到各个景点，引导游人按设计者的思维，路线和角度来欣赏景物的最佳画面。因此，园林道路可起到引导游览的作用。

（3）园林道路作为园林的主要元素之一，必须为园林造景提供服务。园林道路以其优美流畅的曲线，丰富多彩的路面铺装图案，与周围的山、水、植物、建筑构成富于变化的景观，不仅是因景设路，而且是因路得景，构成园景。

（4）不同用地性质、不同风格的园林道路系统的设计方式也不同。在我国，规则式的园林道路大都应用于公园、景区的主入口或居住区中；自然式的园林道路系统大都应用于公园、风景区内部道路以及中国传统园林中。

（5）合理的园林道路总体布局是园林道路规划设计成功的先决条件，地形地貌往往决定了园林道路系统的形式。有山有水的绿地，其主要活动设施往往沿湖和环山布置，主路应从游览的角度考虑，使路网的安排应尽可能呈环状，以避免出现“死胡同”或走回头路。狭长的绿化用地中的主要活动设施和景点通常带状分布，设计和它们相连的主要园林道路也应当呈带状，另外方格状路网会使园林道路过分长直、景观单调，规划设计中应尽量避免。

2. 园林道路系统设计案例

①福地传奇 · 岚梵别业旅游风景区

福地传奇 · 岚梵别业旅游风景区是一个集观光农业、山岳风光和文化体验功能于一体的生态休闲综合体，5A 级园林式生态休闲旅游风景区。项目功能设计以农业和自然资源为主导，可细分为自然风光区、果树采摘区、农业观光区、水上休闲区四大功能分区。整个景区的园林道路从综合服务区出发，既可直达四大功能区的核心区域，又将四大功能区贯穿起来，并且主路形成闭环，次级道路纵横连接，小径支路为游客提供了寻幽探秘的可能性。整体道路系统层级明确，布局合理，有效地提升了景区的品质。

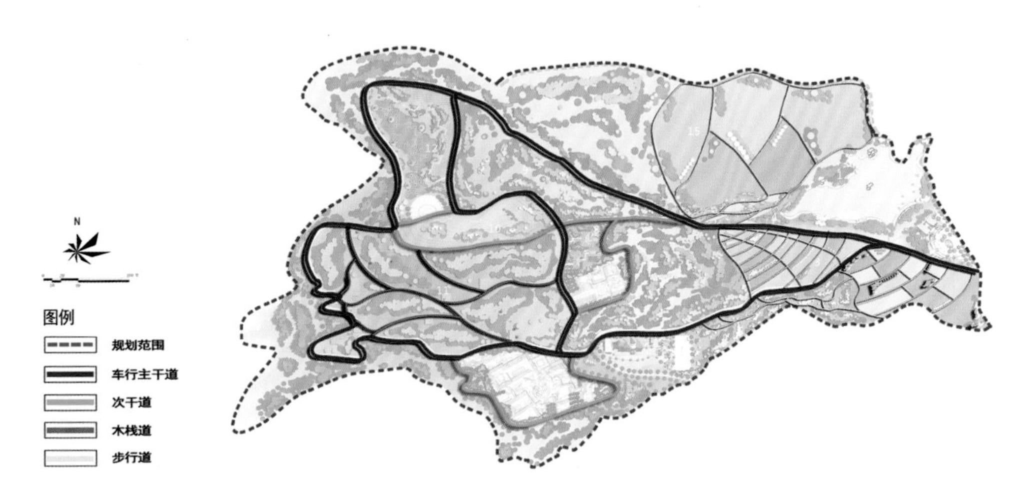

福地传奇 · 岚梵别业道路系统

鸟瞰图

（2）“印象庄园”交通系统规划

印象庄园位于威海市文登区汪疃镇许家屯村，该区资源丰富，地域广阔。该项目主要设计内容包括鲜花种植区、温泉区、森林氧吧等，设计面积约 10 万平方米。庄园的规划设计突破传统休闲农庄和农家乐的打造手法，将文化创意应用其中，致力于打造以农业生产、休闲体验为特色的高端艺术庄园，将创意与浪漫结合，最终将其打造成为一座农业创意庄园和文化创意产业基地。

规划综合考虑项目场地、区位、交通及地形、地貌特点，将园区划分为入口区、香居生活区、异国风光体验区、创意文化区、温泉养生区和农耕休闲区六大景观功能区域。在道路系统设计方面，结合功能分区和场地性质，主要进行了如下设计。

① 园区（车行）主干道——贯穿全园的环路系统，可以方便到达各个景区，尤以香居印象为最佳观景点。一路之上遍地花海，让游客在花的世界之中流连忘返。路面宽度为 4 ~ 5 米。

② 步行干道——在现有道路基础上，设立一条步行环形干道，主要供游人步行游览使用，宽度为 3 米。

③ 休闲步道——为实现游人游憩、休闲和观光等活动的交通功能，各个景区内设置休闲步道，材料可采用本地木材或片石，宽度为 1.2 ~ 2.4 米。

④ 单车道——步道旁设置单车专用道，每个景点设置单车租赁点，顺园区地形的变化，设置单车骑行道，满足游客的需求。

⑤ 停车场——在园区主要景点处设置停车场，游人可仅借助园内步行道步行游览，简化交通模式，改善园区交通状况，提高安全性。

交通系统分析

通行系统位置	A	B	C	D	E	F	G	H	I	J
主要功能设施名称	餐饮	休闲	服务	办公	酒店	游览	度假	互动	交流	体验

人群活动时常图谱

人行干道
车行干道
休闲步道

步行道人流分析

自行车道通行分析

“印象庄园”交通规划分析

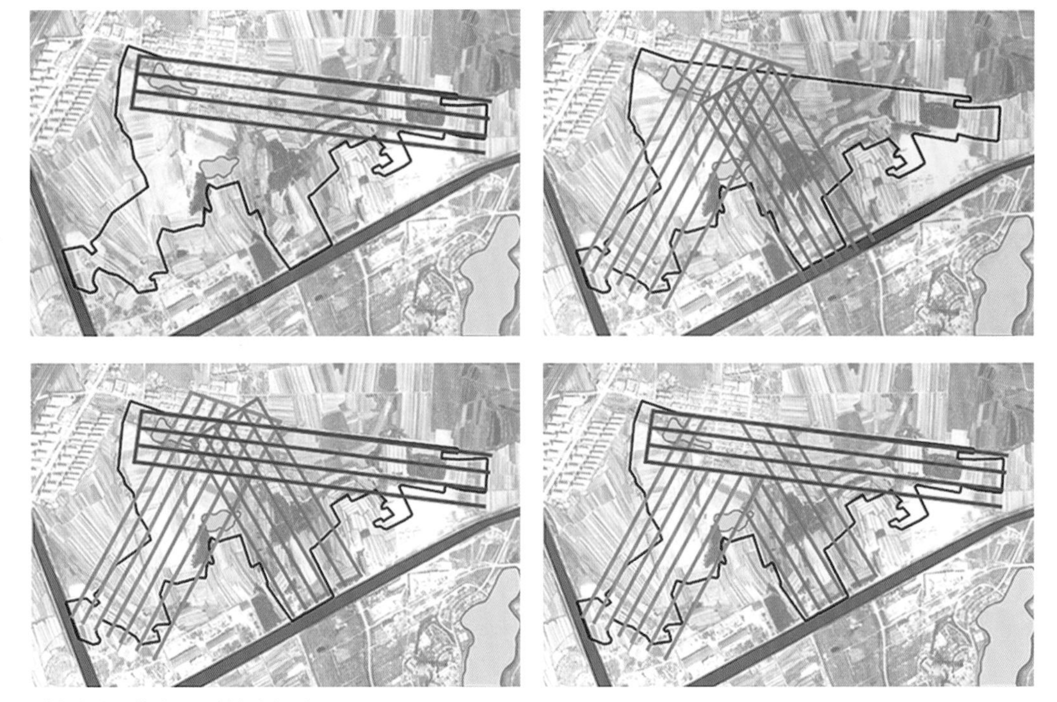

“印象庄园”交通系统规划导向

（3）北京市某住宅区交通系统设计

该住宅区位于北京市朝阳区，地势平坦，其道路系统规划采取规则式布局，设计了车行道、宅前人行路、主要景观步道以及人行便道四个层级的道路。道路系统设计主次分明，人车分离，极大地提升了行人的安全性。

北京市某住宅区交通系统设计（图片来源于《创意分析：图解景观与规划》江苏凤凰科学技术出版社，2012 年）

2.1.4 园林道路线形设计

1. 园林道路宽度的确定

（1）步道：单人散步的步道宽度可取值 0.6 米，个别狭窄地带或屋顶花园上，单人散步的小路最窄可取 0.5 米；两人并排散步的道路宽度可取值 1.2 米；三人并排行走的道路宽度则可为 1.8 米或 2.0 米。

（2）机动车道：机动车道的宽度设计需要根据可通行机动车宽度和车道数确定，小汽车车身宽度取值 2.0 米，中型车（包括洒水车、垃圾车、喷药车）车身宽度取值 2.5 米，大型客车车身宽度取值 2.6 米，加上行驶中的横向安全距离，则单车道的实际宽度可取值为小汽车 3.0 米，中型车 3.5 米，大客车 3.5 米，若不限行驶速度，则取值 3.75 米。

（3）非机动车道：自行车车身宽度取值 0.6 米，伤残人轮椅车取值 0.7 米，三轮车 1.1 米，加上横向安全距离，非机动车的单车道可行驶三轮车的宽度可取值为 2.0 米。

表 2-1　公园道路宽度参考值（单位：米）

公园道路级别	公园陆地面积（单位：公顷）			
	小于 2.0	2.0 ~ 10.0	10.0 ~ 50.0	大于 50.0
主园林道路	2.0 ~ 3.5	2.5 ~ 4.5	3.5 ~ 5.0	5.0 ~ 7.0
次园林道路	1.2 ~ 2.0	2.0 ~ 3.5	2.0 ~ 3.5	3.5 ~ 5.0
小 路	0.9 ~ 1.2	0.9 ~ 2.0	1.2 ~ 2.0	1.2 ~ 3.0

表 2-2　风景区道路宽度参考值（单位：米）

风景区道路级别划分	风景区面积（单位：公顷）		
	100—1000	1000—5000	＞5000
主干道	7.0 ~ 14.0	7.0 ~ 18.0	7.0 ~ 21.0
次干道	7.0 ~ 11.0	7.0 ~ 14.0	7.0 ~ 18.0
游览道	3.0 ~ 5.0	4.0 ~ 6.0	5.0 ~ 7.0
小径	0.9 ~ 2.0	0.9 ~ 2.5	0.9 ~ 3.0

一般来说，重点风景区的游览大道及大型公园的主干道的路面宽度设计应考虑能通行卡车、大型客车。但在公园内道路宽度一般不宜超过 6 米。公园主干道应能通行卡车，主要建筑物四周能通行消防车，路面宽度一般为 3.5 米。游览道一般为 1 ~ 2.5 米，小径也可小于 1 米。

2. 园林道路的线形设计

园林道路的平面形式可以分为直线形和曲线形。规则式园林道路以直线为主，自然式园林道路以曲线为主。曲线形园林道路是由不同曲率、不同弯曲方向的多段弯道连接而成；即使在直线形园林道路中，其道路转弯处一般也应设计为曲线形的弯道形式。直线形园林道路主要考虑到道路的级别与功能，以及与周边环境的关系。本书重点探讨曲线形园林道路的设计。

道路的曲线形状应满足游人平缓自如转弯的习惯，弯道曲线要流畅，曲率半径要适当，不能过分弯曲，不得矫揉造作。一般情况下，园林道路用两条相互平行的曲线限定，只在路口或有坐凳、健身器材等设施处有所扩宽。在一些特殊情况下，园林道路两条边线也可以呈不平行曲线，例如，由于地形的限定，一面是水体或山体的凹角或凸角，或者有需要保留的树木时，园林道路两条边线可能受环境限制无法形成平行曲线。

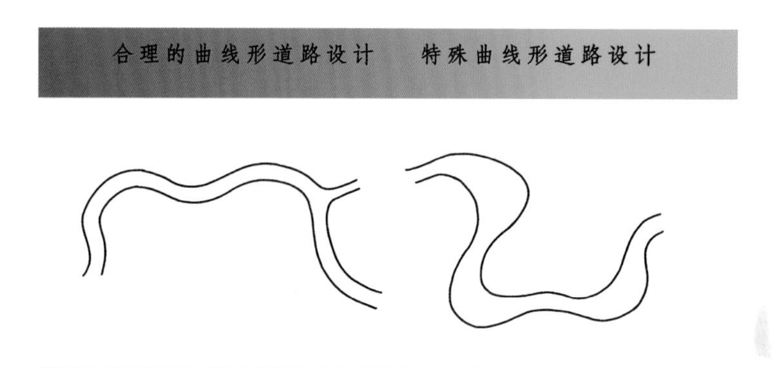

合理的道路线形

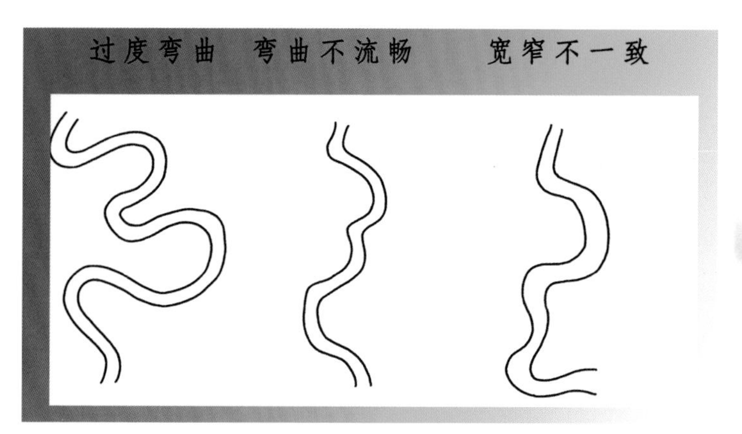

不合理的曲线形道路设计

曲线园林道路中央保留树木（上海浦东栩妙园）

由于避让古树导致两条边线不平行的曲线园林道路

3. 园林道路路口设计

（1）规则式园林道路系统：十字路口比较多，从导游性考虑，应少设置一些十字路口，多一些三岔路口。在路口处要尽量减少相交道路的条数，避免路口过于集中，造成游人在路口处犹疑不决，无所适从。

（2）自然式园林道路系统：以三岔路口为主。在自然式系统中过多采用十字路口，将会降低园林道路的导游特性，有时甚至会造成游览路线的紊乱，严重影响游览活动。

（3）道路相交形式设计：除山地陡坡地形之外，一般均应尽量采取正相交方式。斜相交时，斜交角度如呈锐角，其角度也要尽量不小于 60°，锐角部分还应采用足够的转弯半径，设计为圆形的转角。

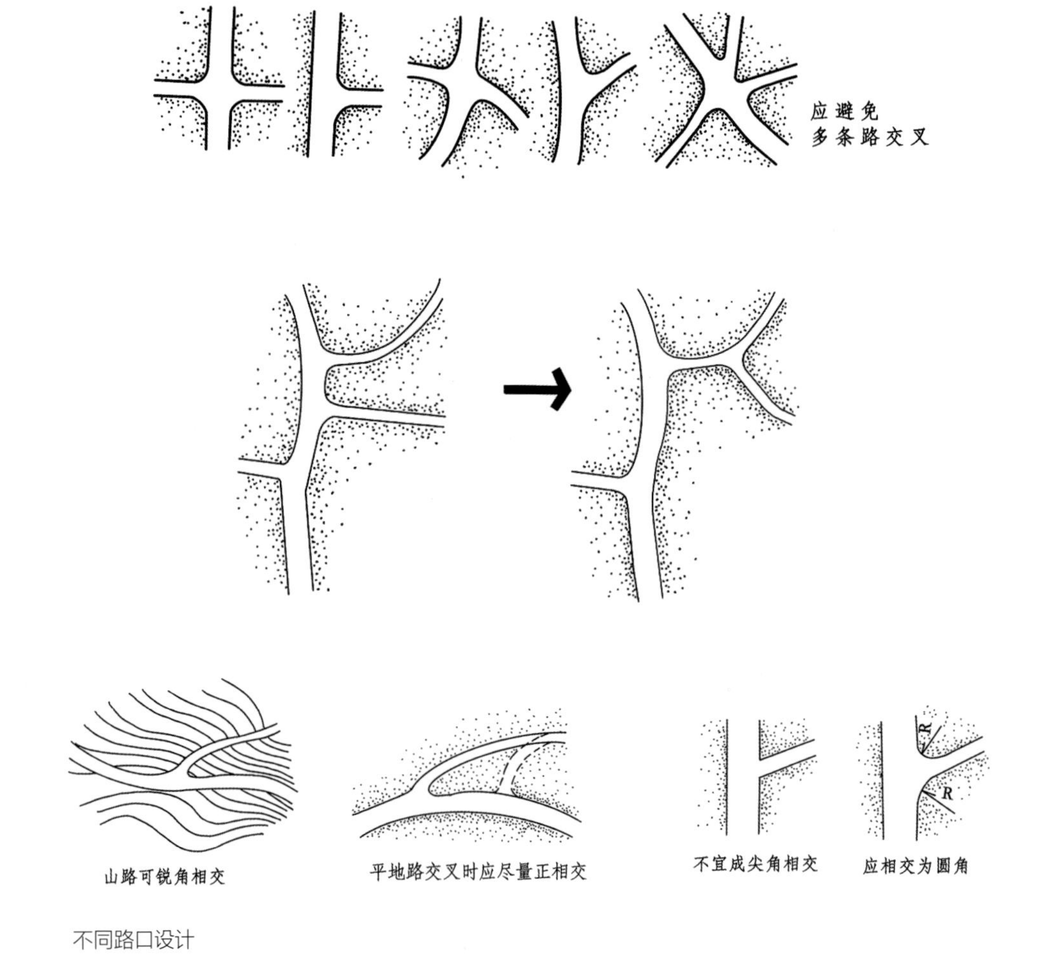

不同路口设计

（4）园林道路交叉口中央设计有花坛、花台时，各条道路都要以其中心线与花坛的轴心相对，不要与花坛边线相切，路口的平面形状，应与中心花坛的形状相似或相适应。

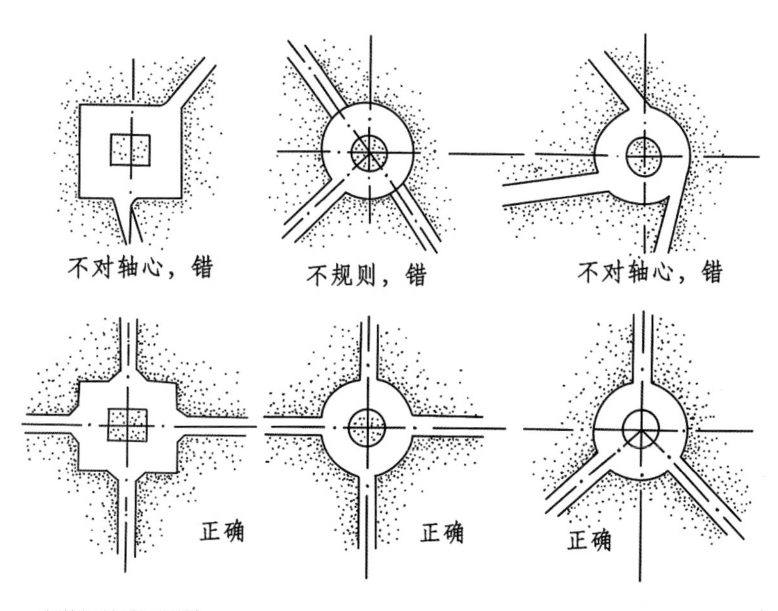

有花坛的路口设计

（5）通车园林道路和城市绿化街道的路口，要注意车辆通行的安全，避免交通冲突。在路口设计或路口的绿化设计中，要按照路口视距三角形关系，留足安全视距。由两条相交园林道路的停车视距作为直角的边长，在路口处所形成的三角形区域，即视距三角形。在此三角形内，不得有阻碍驾驶人员视线的障碍物存在。

4. 园林道路与园林场地的交接

园林道路与园林场地的交接，主要受场地设计形式的制约。

园林道路与规则式场地相接时，园林道路与场地的交接方式有平行交接、正对交接和侧对交接。圆形、椭圆形场地中的园林道路在交接中要注意，应以中心线对着场地轴心（即圆心）进行交接，而不要随意与圆弧相切交接。在圆形场地的交接应当是严格地规则对称的，因为圆形场地本身就是一种多轴对称的规则形。

与不规则的自然式场地相交接时，园林道路的接入方向和接入位置限制较少，只要不过多影响园林道路的通行、游览功能和场地的使用功能，采取何种交接方式完全可依据设计而定。

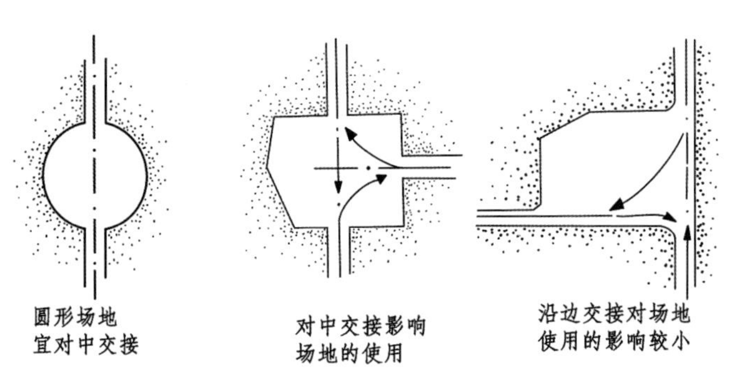

园林道路与场地交接

5. 园林道路与建筑物的交接

在园林道路与建筑物的交接处，一般在建筑近旁设置一块较小的缓冲场地，园林道路则通过这块场地与建筑相交接，不过一些起过道作用的建筑，如路亭、游廊等，也常常不设缓冲小场地。园林道路与建筑尽量避免以斜路相交，特别是正对建筑某一角的斜交，冲突感很强，需调整道路布线，避免此类情况发生。对不得不斜交的园林道路，要在交接处设一段短的直路作为过渡，或者将交接处形成的锐角改为圆角。应当避免园林道路与建筑斜交。

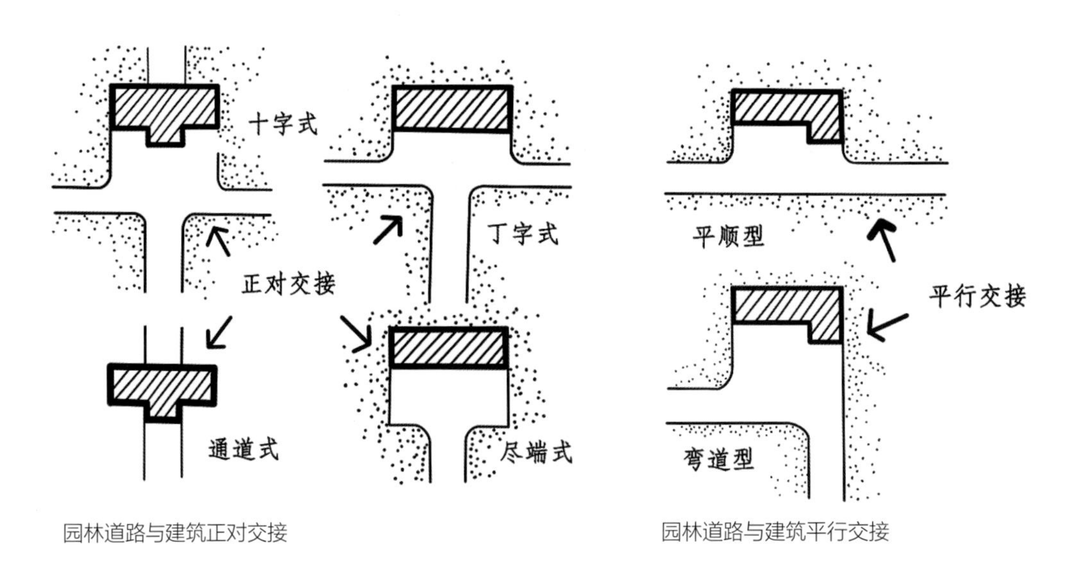

园林道路与建筑正对交接

园林道路与建筑平行交接

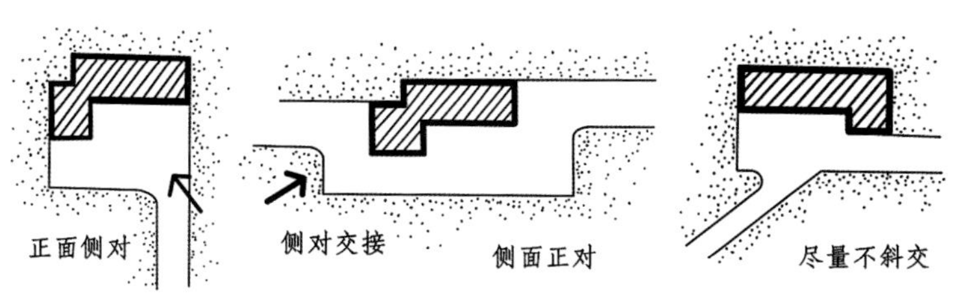

园林道路与建筑侧对交接

6. 园林道路转弯半径的确定

园林道路交叉口或转弯处的平曲线半径，又叫转弯半径。确定合适的转弯半径，可以保证园林内游人能舒适地散步，园务运输车辆能够畅通无阻，也可以节约道路用地，减少工程费用。转弯半径的大小，应根据游人步行速度、车辆行驶速度及其车类型号来确定。比较困难的条件下，可以采用最小的转弯半径。

表 2-3 不同类型园林道路的转弯半径（单位：米）

园林道路类型	一般曲线半径	最小曲线半径
游览小道	3.5 ~ 20.0	2.0
次园林道路	6.0 ~ 30.0	5.0
主园林道路	10.0 ~ 50.0	8.0
车行园林道路	15.0 ~ 70.0	12.0
风景区车行路	18.0 ~ 100.0	15.0

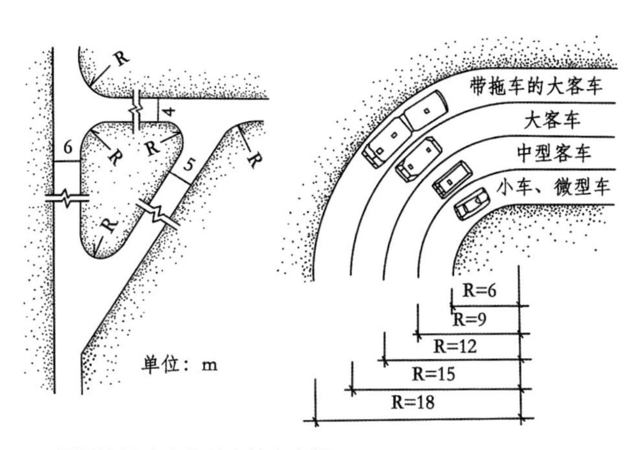

不同规格机动车的最小转弯半径

7. 园林道路坡度设计要求

园林道路根据造景的需要，随地形的变化而起伏变化。在遇到有高差的地形时，园林道路需要进行坡度设计。主路纵坡宜小于 8%，横坡宜小于 3%，粒料路面横坡宜小于 4%，纵、横坡不得同时无坡度。主园林道路不宜设梯道，必须设梯道时，纵坡宜小于 36%。支路和小路，纵坡宜小于 18%。纵坡超过 15%路段，路面应作防滑处理；纵坡超过 18%，宜按台阶、梯道设计，台阶踏步数不得少于 2 级，坡度大于 58%的梯道应作防滑处理，宜设置护栏设施。山地公园的园林道路纵坡应小于 12%，超过 12%应作防滑处理，在园林道路的设计中不同功能、不同材料的道路坡度要求也不同，具体细分如表 2-4 所示。

表 2-4　园林道路坡度适宜表

坡度（°）	适用道路
60	游人蹬道坡度值终值
50	砖石阶道终值
45	干黏土坡角限值
39	砖石路坡终值
35	水泥路极值，梯阶坡角终值
31	之字形道路线坡值，沥青路坡终值
30	梯级坡角始值，土坡终值
25	草坡极值、卵石路坡角终值
20	台阶设置坡度宜值
18	需设台阶、踏步
15	湿黏土坡角
12	坡道设置终值，可开始设台阶
10	粗糙及有防滑条材料终值
8	残疾人轮道限值
7.8	老幼均宜游览步道限值
7	机动车道路限值，面层光滑的坡道终值
4	自行车骑行极值、舒适坡道值
2	手推车，非机动车宜值
1	土质明沟限值
0.2	轮椅车宜值
0.17	最小地面排水坡值

在进行台阶设计时，台阶的踏步高度（h）和宽度（b）是决定台阶舒适性的主要参数，两者的关系如下：2h+b=60 厘米。一般室外踏步高度设计为 12 ~ 6 厘米，踏步宽度 30 ~ 35 厘米，低于 10 厘米的高差，不宜设置台阶，可以考虑做成坡道。

2.1.5 园林道路的横断面设计

1. 园林道路横断面的组成

道路的横断面由车行道、人行道或路肩、绿带、地上和地下管线共同沟、排水沟、电力电讯电杆、分车导向、交通组织标志等组成。公园内道路根据级别可能由其中几部分组成，风景区的车行道也可能由于地形限制不设置人行道和绿化带。

就园林道路来说，可以行车的园林道路一般采用一块板的形式，即道路由 1 条车行道和路两侧的人行道绿化带构成。二块板、三块板的道路形式大都用于城市道路。

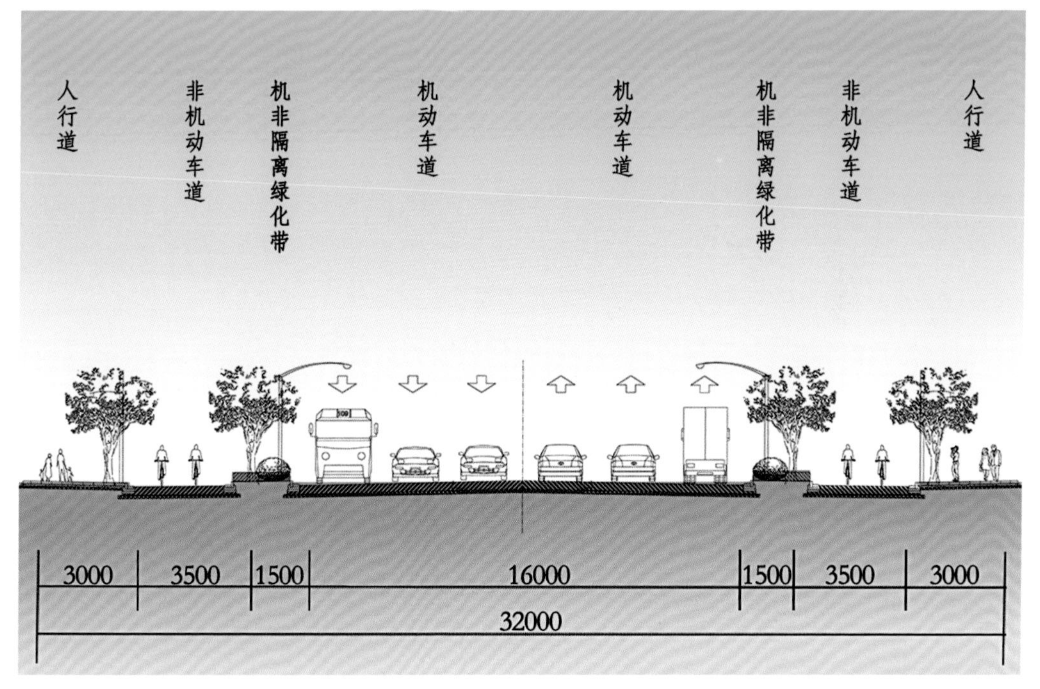

道路组成

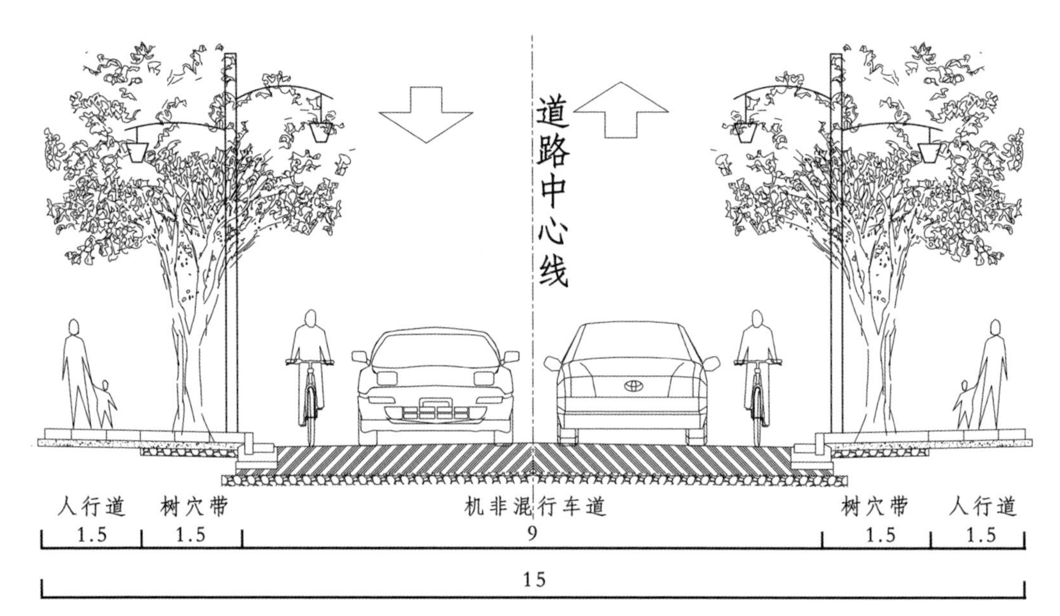

一块板道路示意

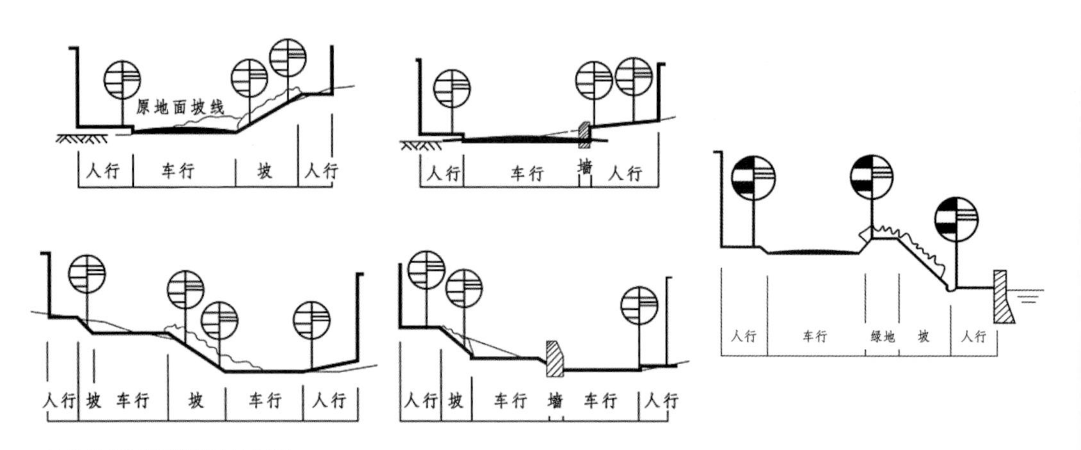

特殊地形园林道路设计案例

2. 园林道路的横向坡度与排水

级别较高的园林道路需考虑到排水功能，所以需进行横向坡度设计。园林道路的横断面可设计为抛物线形、折线形、直线形和单坡直线形。可根据地形地貌以及设计需求进行选择。非车行道的园林道路，考虑到排水的便利性和行走舒适性，坡度一般为 1% ~ 4%。

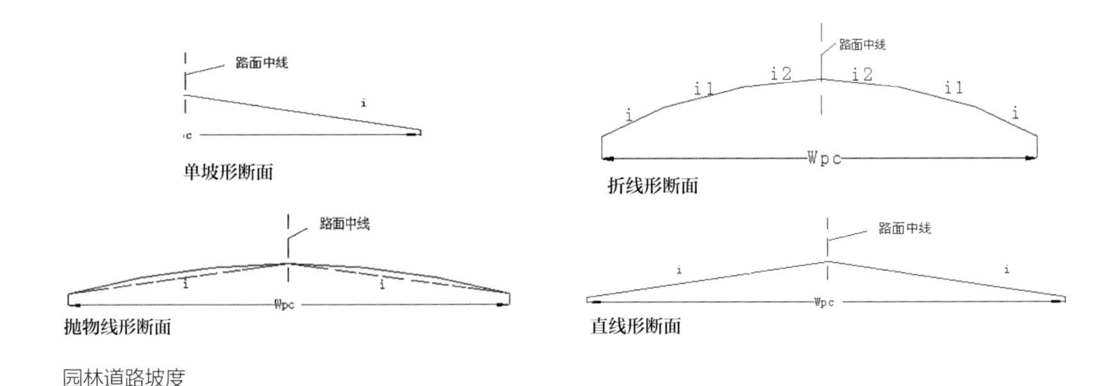

园林道路坡度

3. 园林道路横断面设计要求

园林道路横断面的布置及几何尺寸应能满足交通、环境、建设成本等要求。

（1）路基的结构设计应以其使用要求和当地自然条件（包括水文地质和材料情况）为依据，并结合施工条件进行设计。在山岭重丘区要特别注意地形和地质条件的影响，选择适当的路基断面形式、边坡坡度。在平原微丘区应注意最小填土高度，并设置必要的排水设施。

（2）路基的断面形式和尺寸应根据道路的等级、设计标准和设计任务书的规定以及道路的使用要求，结合具体条件确定。

（3）路基设计应兼顾整体园林项目建设的需要。在取土、弃土、取土坑设置、排水设计等方面与整体工程等相配合，尽量减少废土占地、防止水土流失和淤塞水体。

表 2-5　各种类型路面的纵横坡度表

路面类型	纵坡（%）			横坡（%）	
	最小	最大	特殊	最小	最大
水泥混凝土路面	0.3	7	10	1.5	2.5
沥青混凝土路面	0.3	6	10	1.5	2.5
块石，炼砖路面	0.4	8	11	2	3
卵石路面	0.5	8	7	3	4
粒料路面	0.5	8	8	2.5	3.5
改善土路面	0.5	6	8	2.5	4
游步小道	0.3	8	—	1.5	3
自行车道	0.3	—	—	1.5	2
广场、停车场	0.3	7	10	1.5	2.5

2.2 石板、混凝土、砖路设计图解

2.2.1 园林道路做法

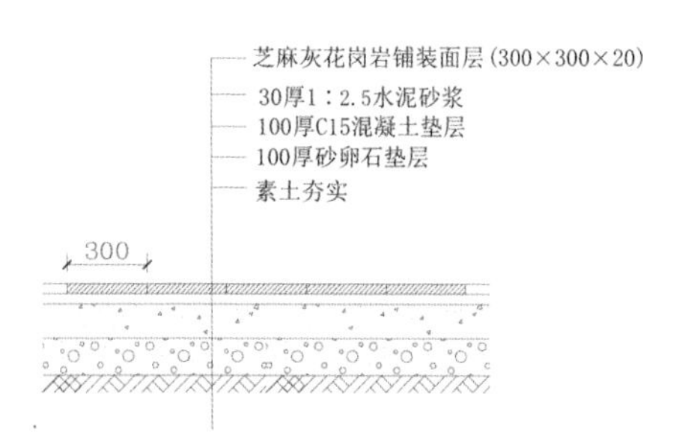

芝麻灰花岗石铺装做法

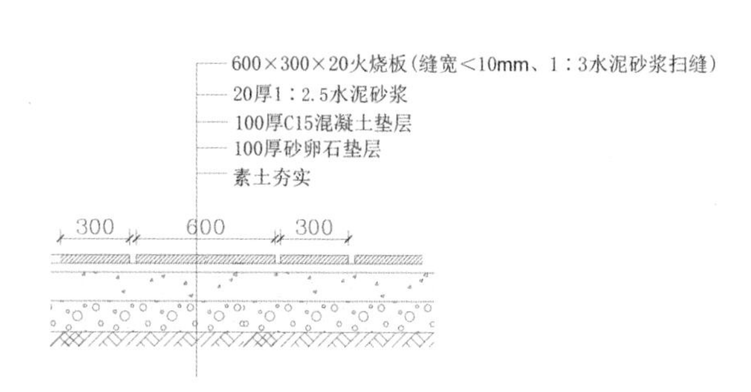

火烧板铺装做法

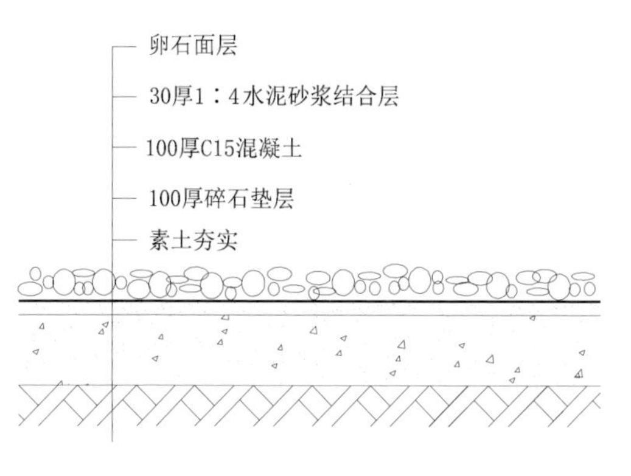

卵石铺装做法 1

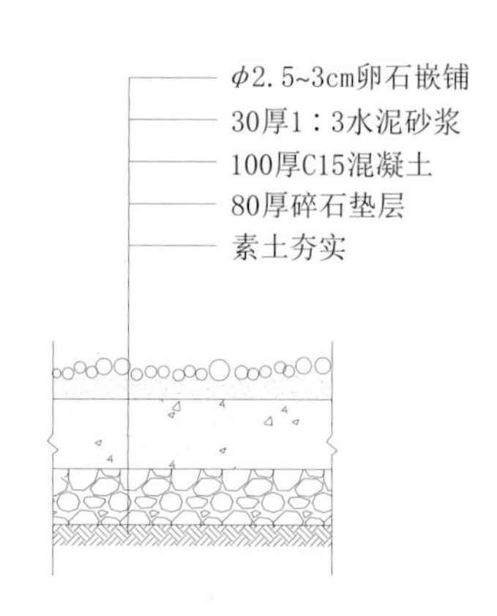

卵石铺装做法 2

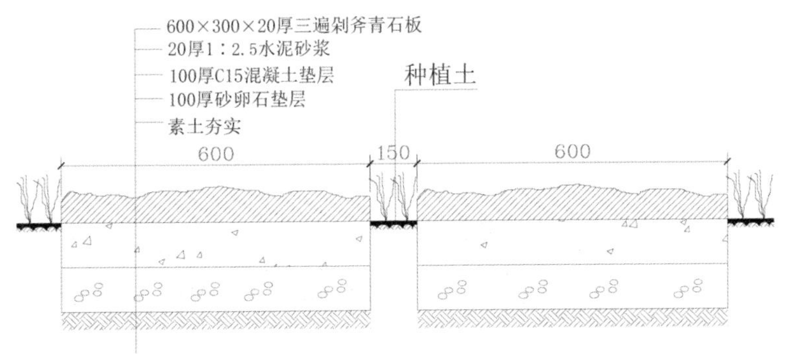

青石板嵌草铺装做法

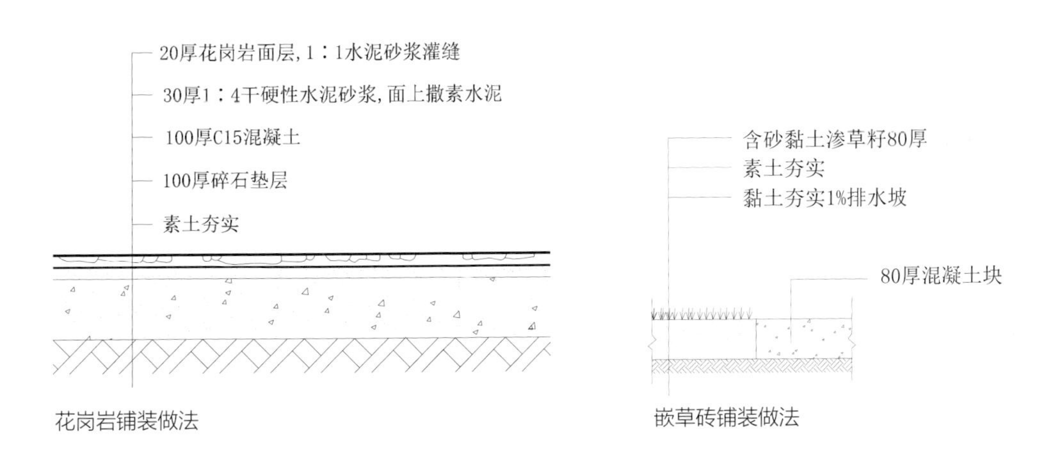

花岗岩铺装做法

嵌草砖铺装做法

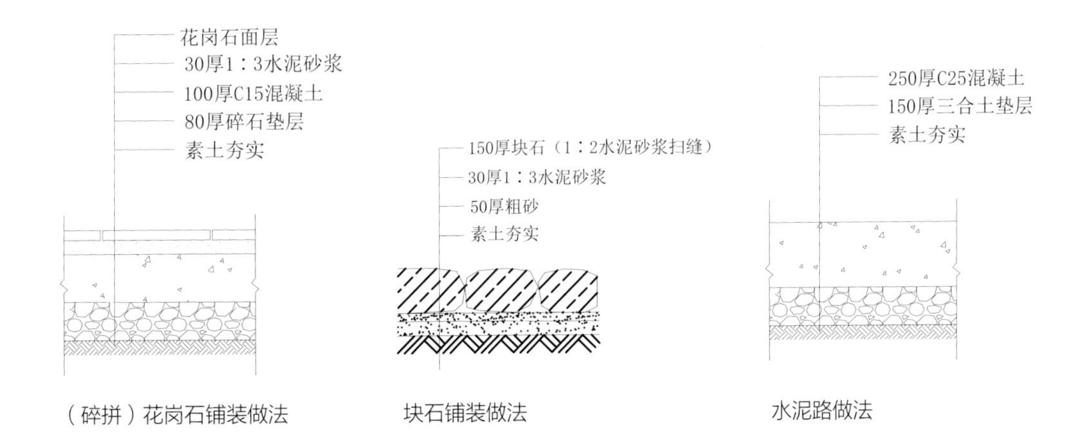

（碎拼）花岗石铺装做法

块石铺装做法

水泥路做法

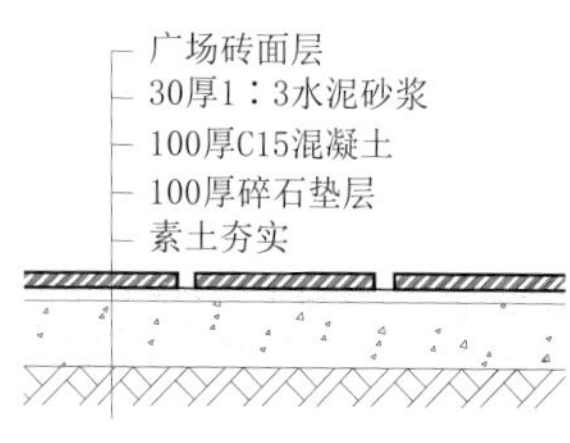

广场砖铺装做法

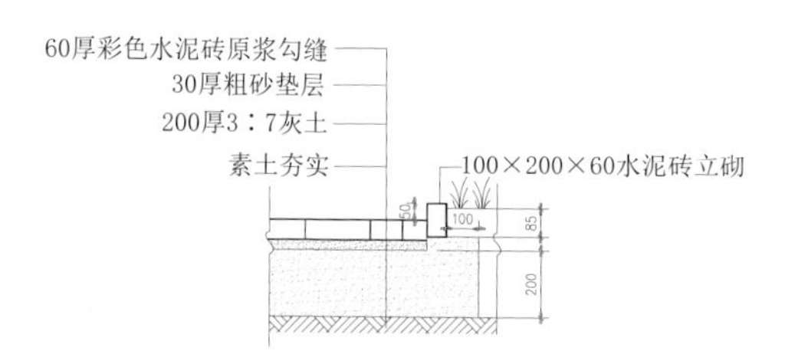

彩色水泥砖铺装做法

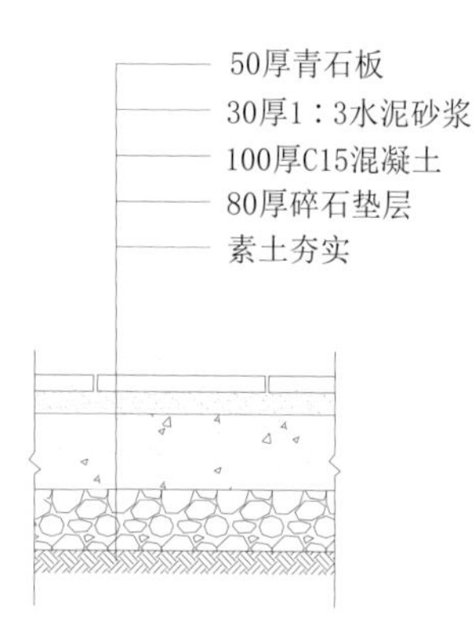

青石板铺地做法 1

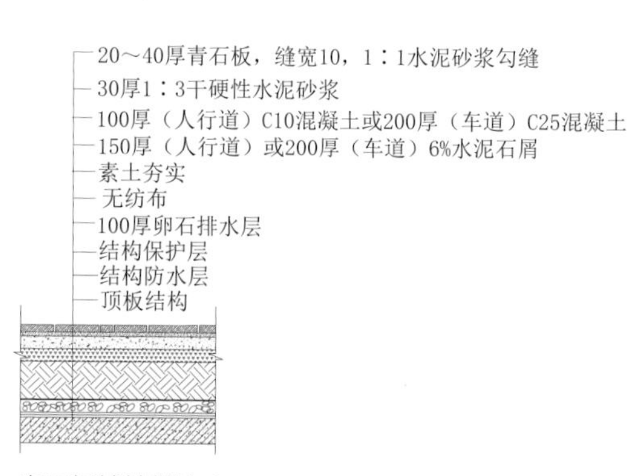

青石板铺地做法 2

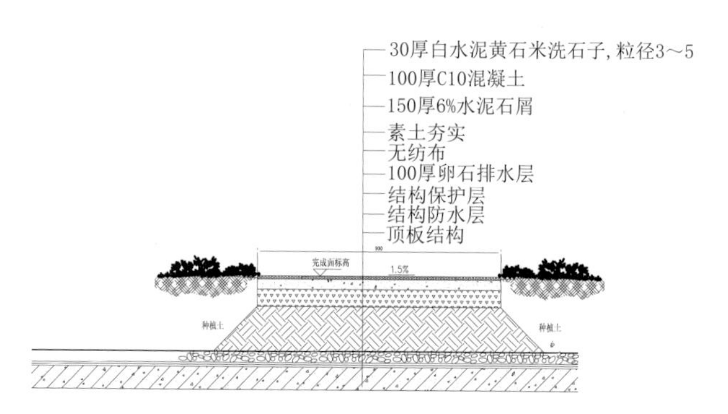

黄石米洗石子铺装做法

2.2.2 园林道路铺装样式

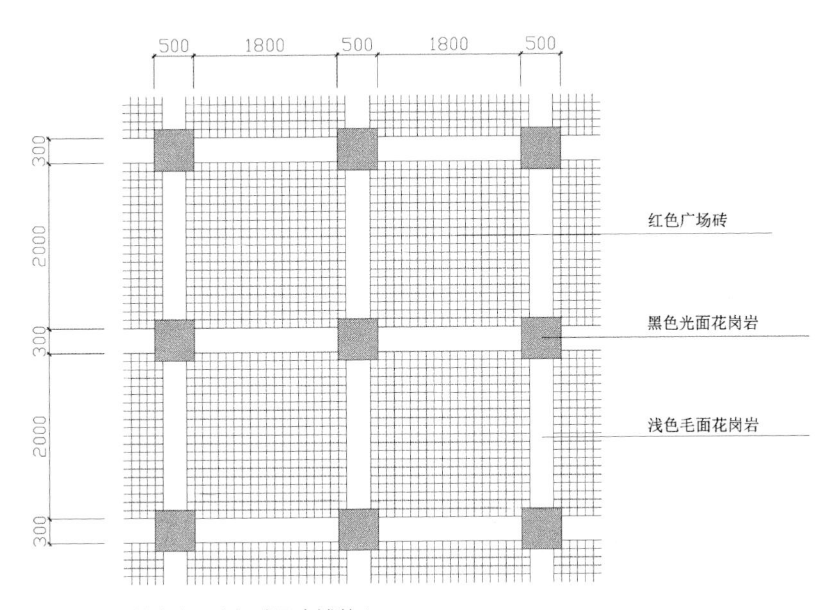

花岗岩、广场砖混合铺装 1

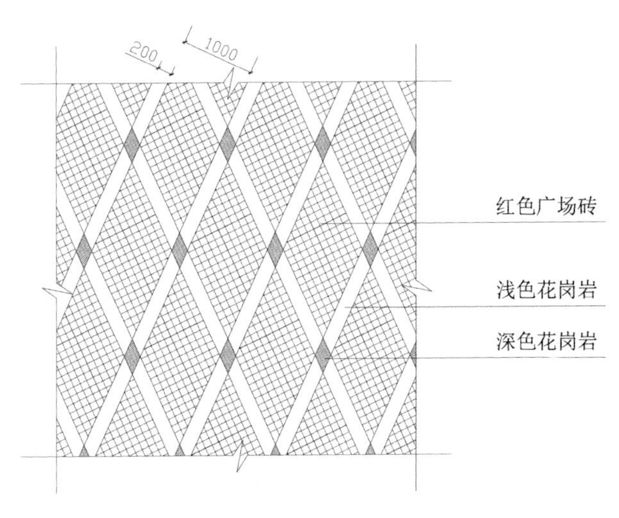

花岗岩、广场砖混合铺装 2

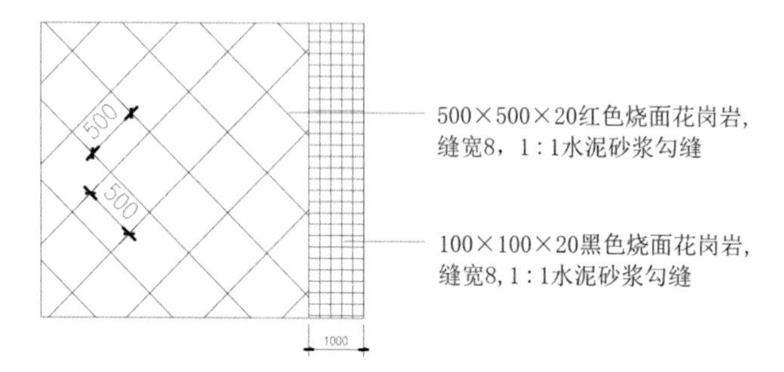

黄色花岗岩斜角铺装

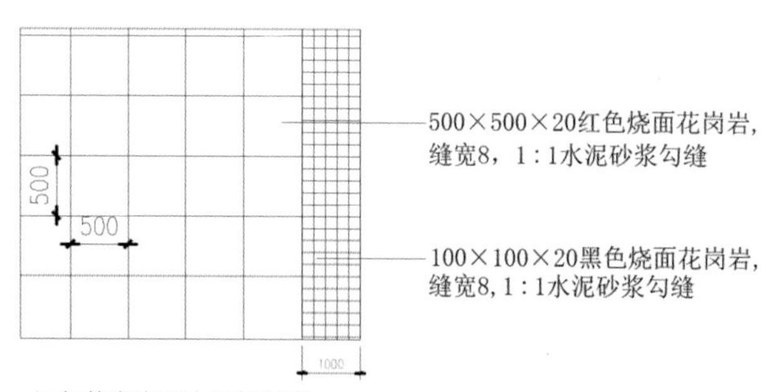

红色花岗岩正方网格铺装

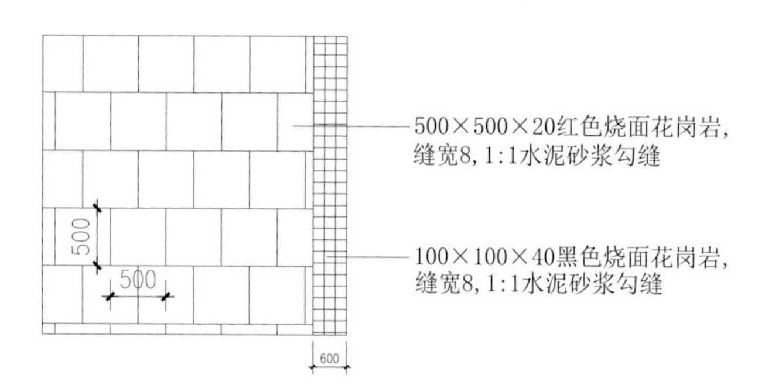

红色烧面花岗岩错缝铺装

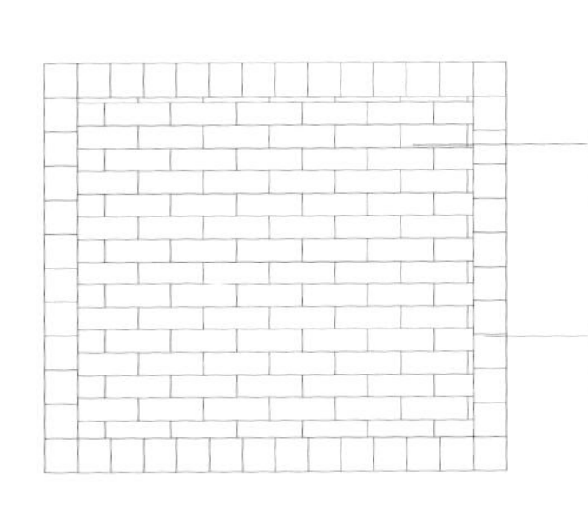

青石板路面、花岗岩收边铺装

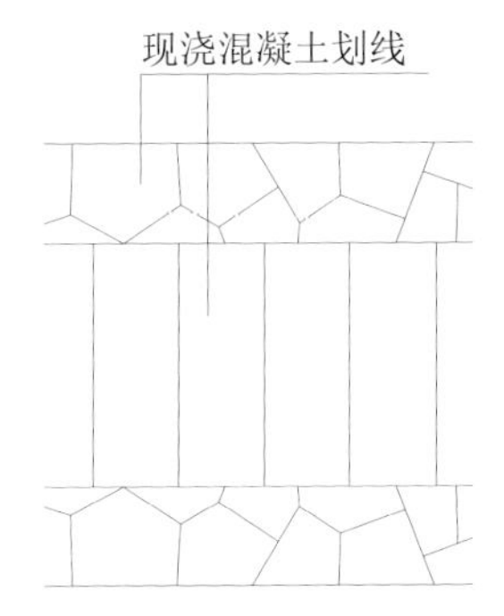

现浇混凝土铺装

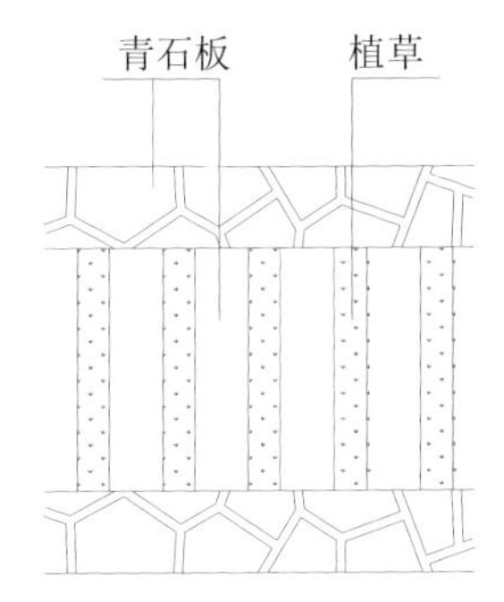

青石板嵌草铺装

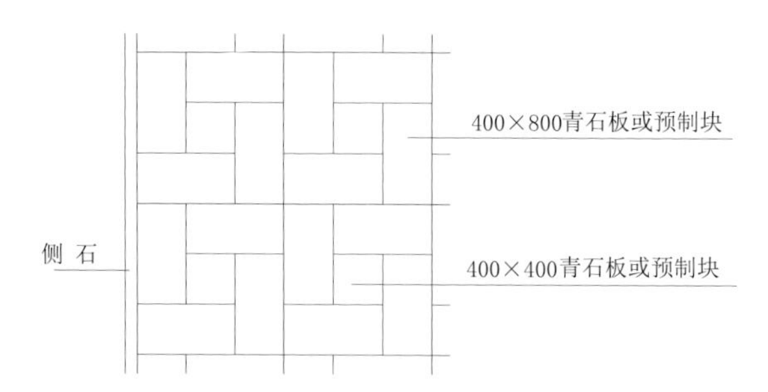

青石板（预制块）回纹铺装

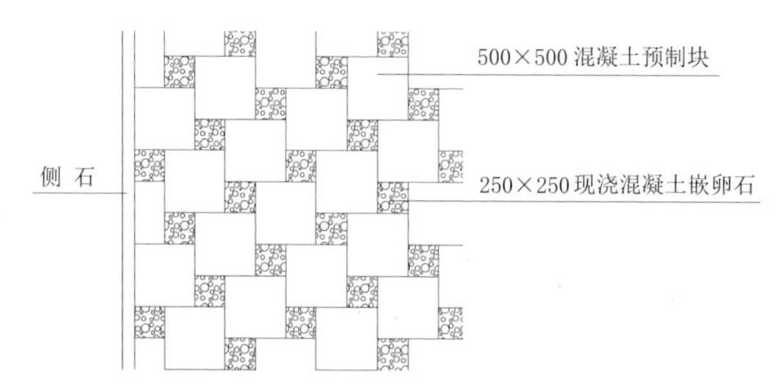

青石板互锁铺装

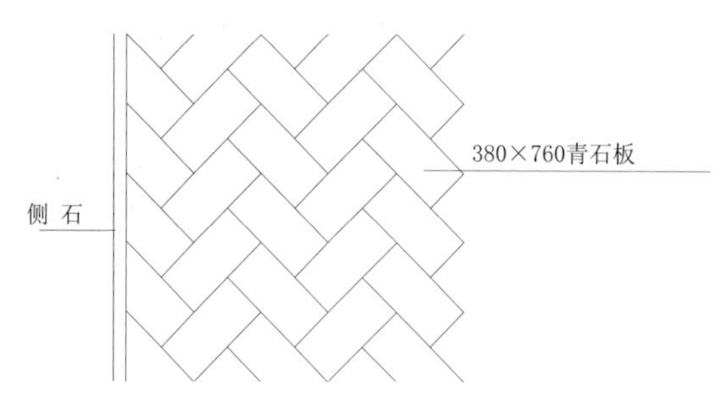

混凝土嵌卵石铺装 1

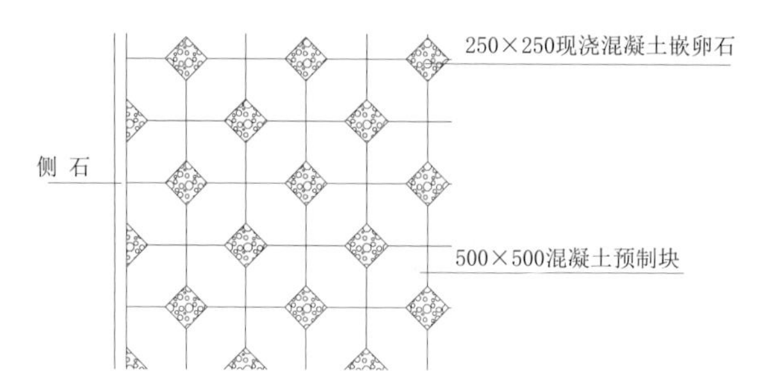

混凝土嵌卵石铺装 2

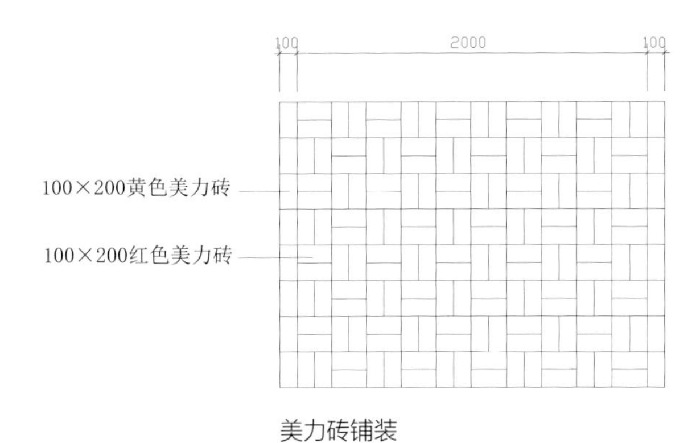

美力砖铺装

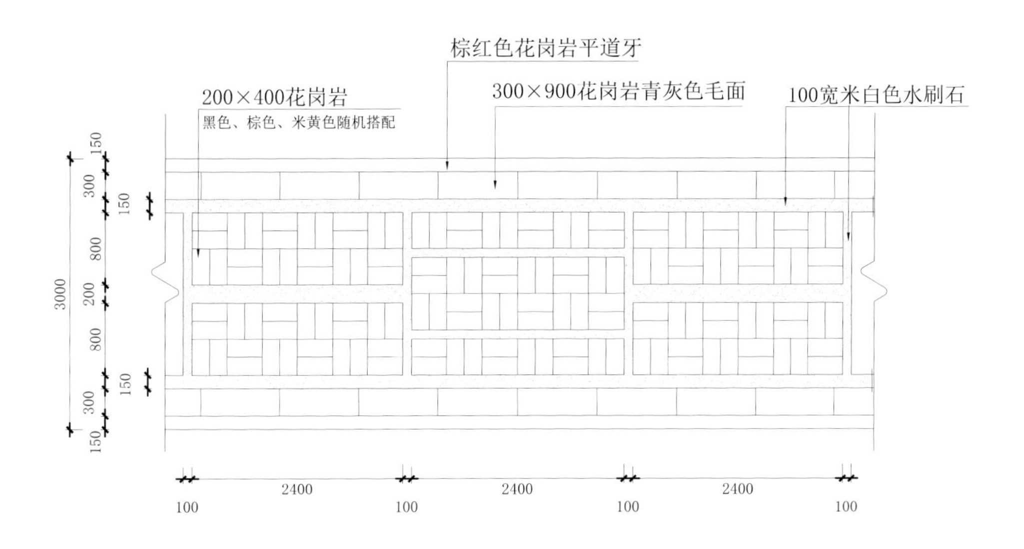

水刷石镶边花岗岩铺装

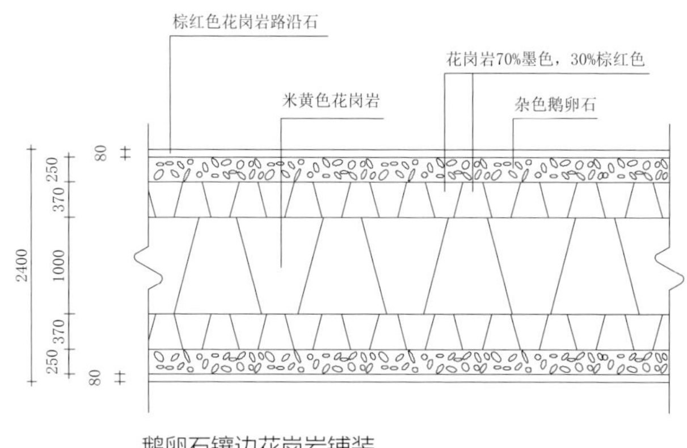

鹅卵石镶边花岗岩铺装

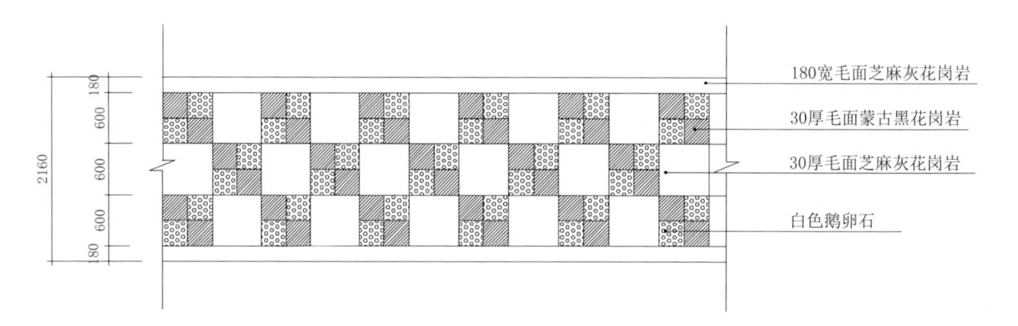

花岗岩镶边鹅卵石花岗岩间铺

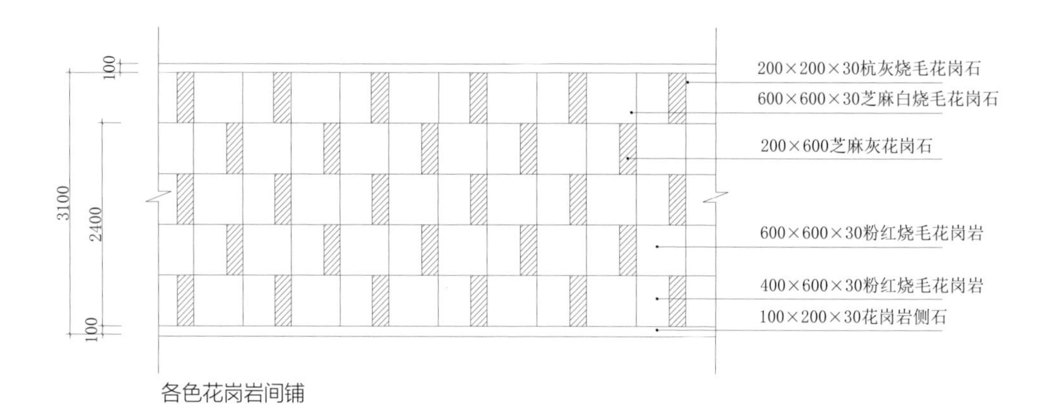

各色花岗岩间铺

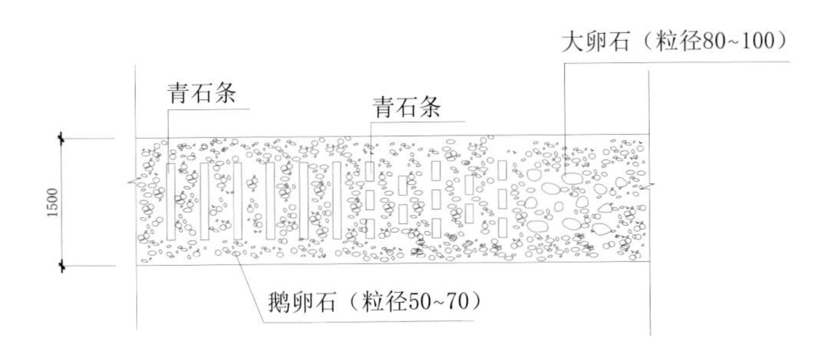

青石鹅卵石间铺

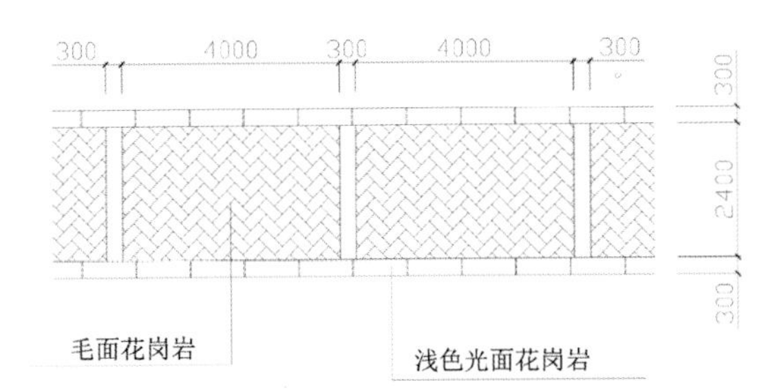

光面花岗岩镶边毛面花岗岩铺装

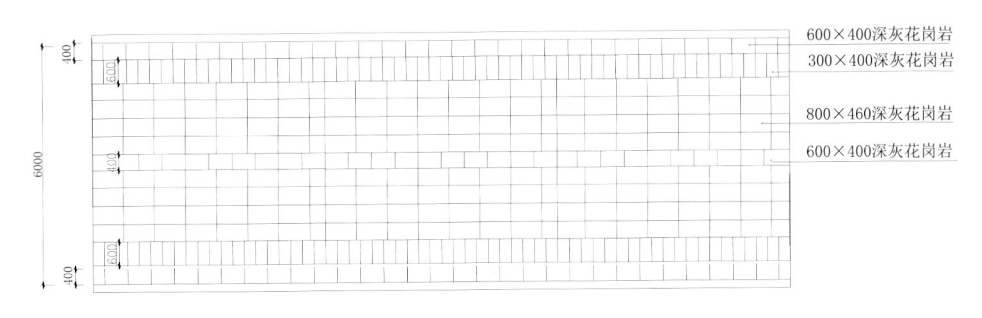

深灰花岗岩铺装

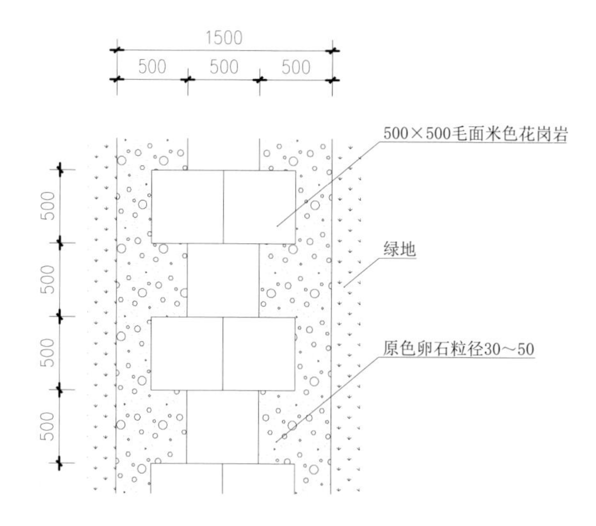

花岗岩鹅卵石间铺 1

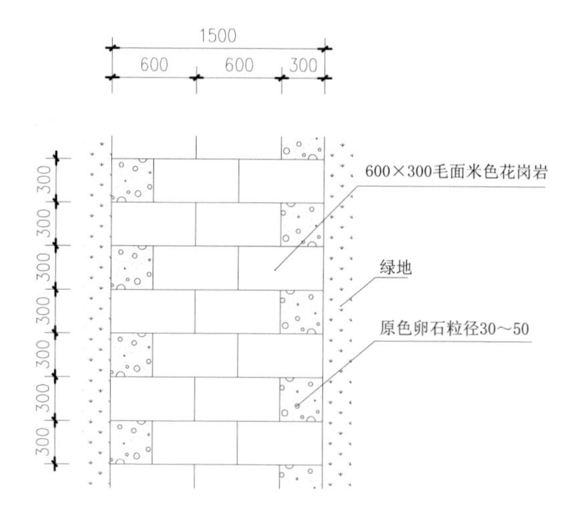

花岗岩鹅卵石间铺 2

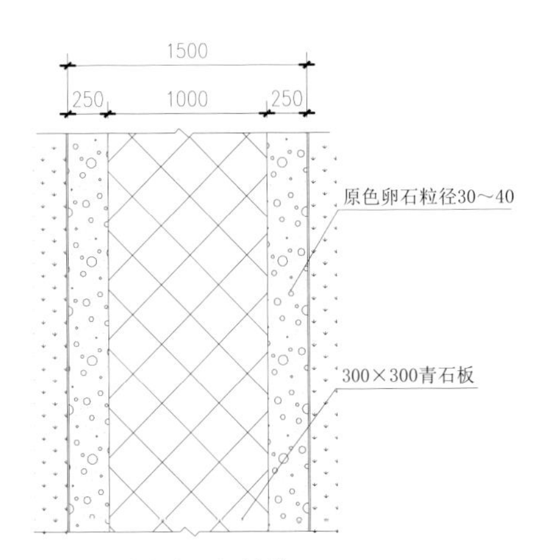

鹅卵石镶边青石板铺装

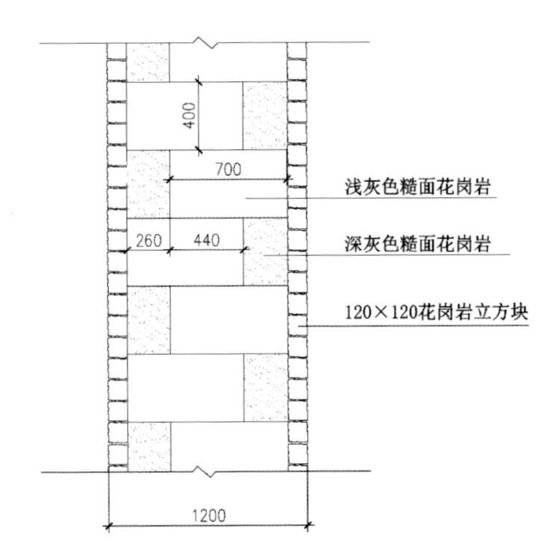

花岗岩镶边深浅间色花岗岩铺装

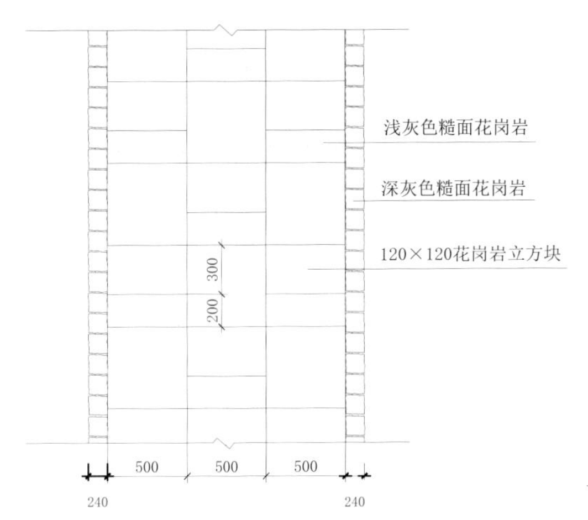

花岗岩镶边深浅花岗岩铺装

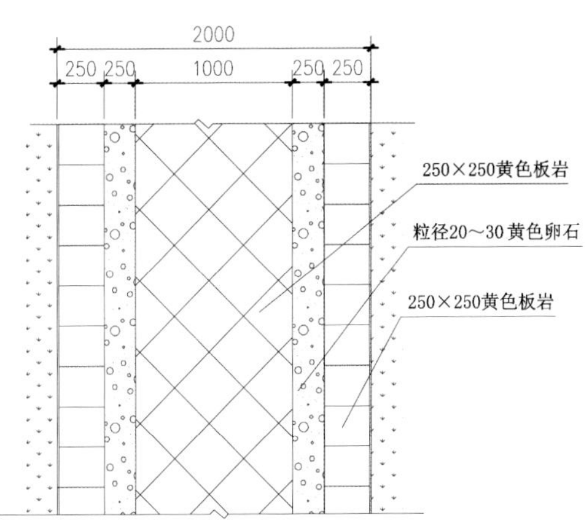

黄色板岩铺装

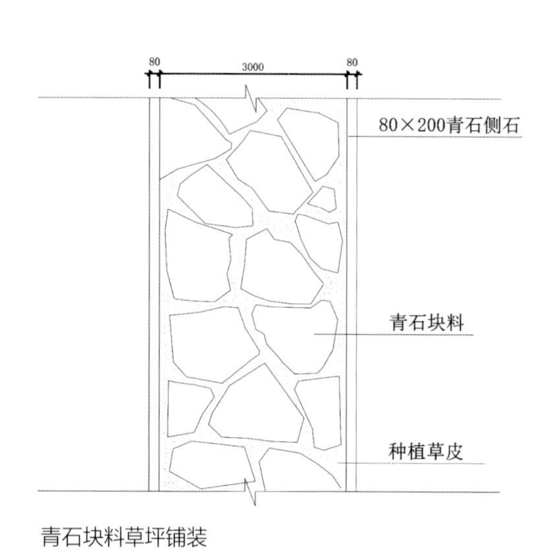

青石块料草坪铺装

勾水泥缝
块石铺装
与草地乱边相接
草地引入
1200

块石碎拼铺装

1200
250
700
250
青石板碎拼
原色卵石30～50
植草

青石板步道点缀铺装

1800
200
1400
200
200×100灰色混凝土砖
植草
200×200毛面黑色花岗岩

混凝土砖互锁铺装

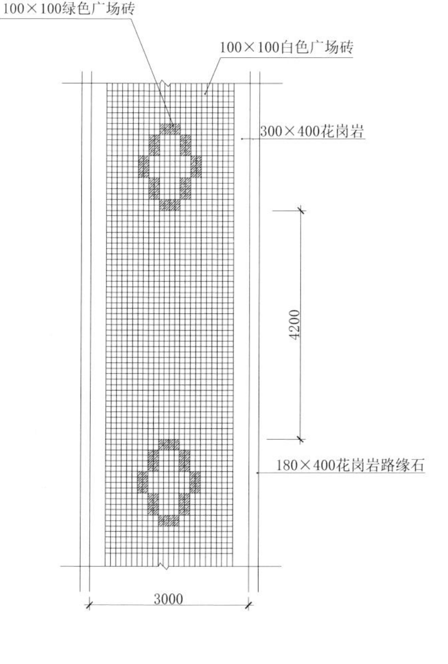

花岗岩镶边广场砖铺装 1

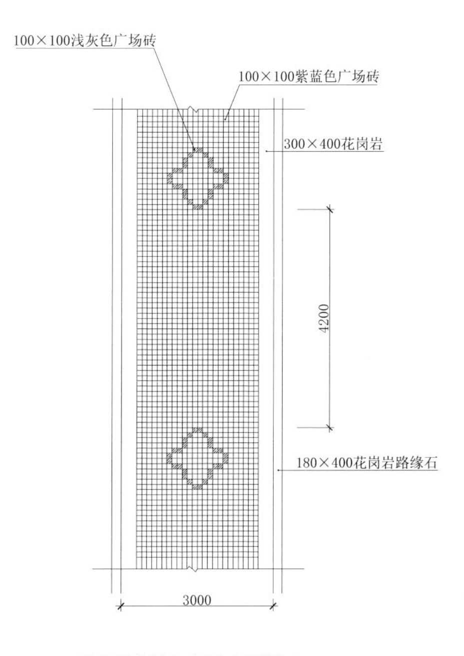

花岗岩镶边广场砖铺装 2

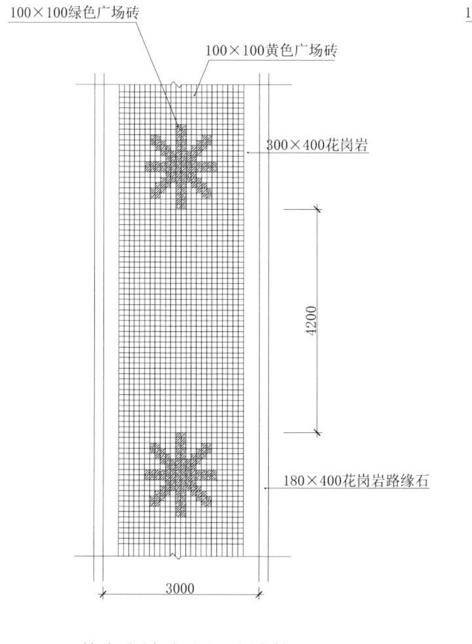

花岗岩镶边广场砖铺装 3

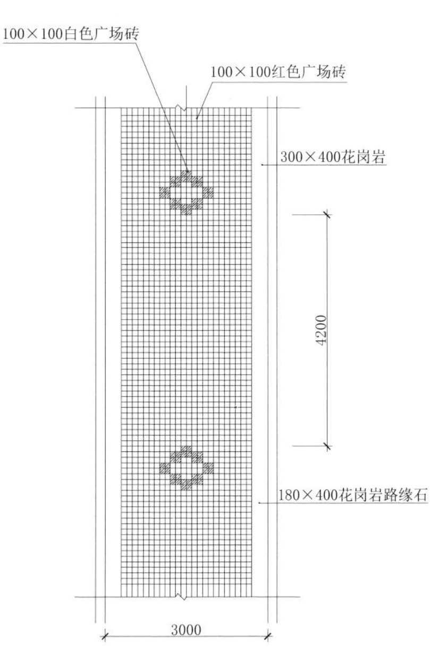

花岗岩镶边广场砖铺装 4

2.2.3 园林道路设计方案

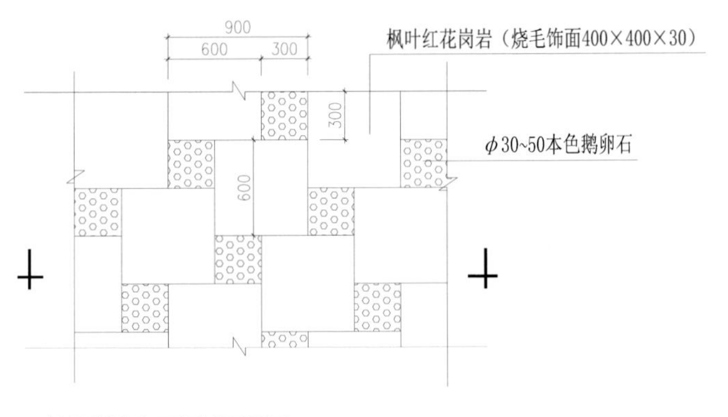

花岗岩鹅卵石间铺平面图

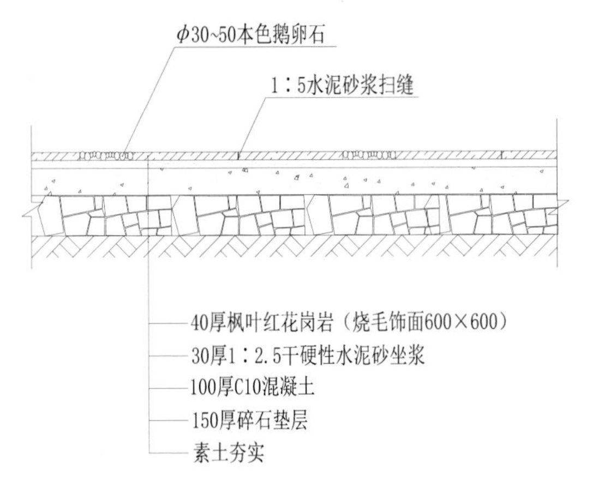

花岗岩鹅卵石间铺剖面图

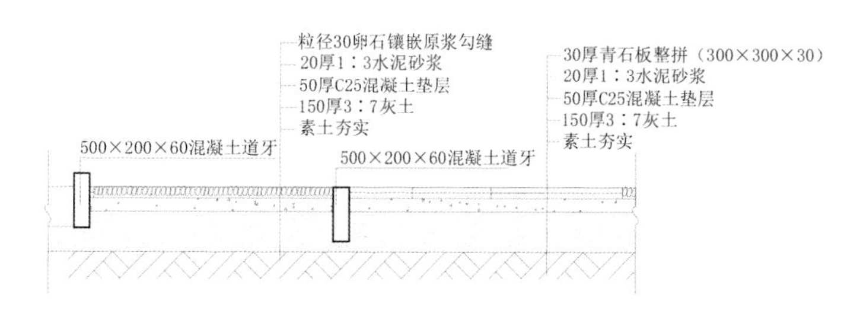

青石板、鹅卵石间铺平面图

青石板、鹅卵石间铺剖面图

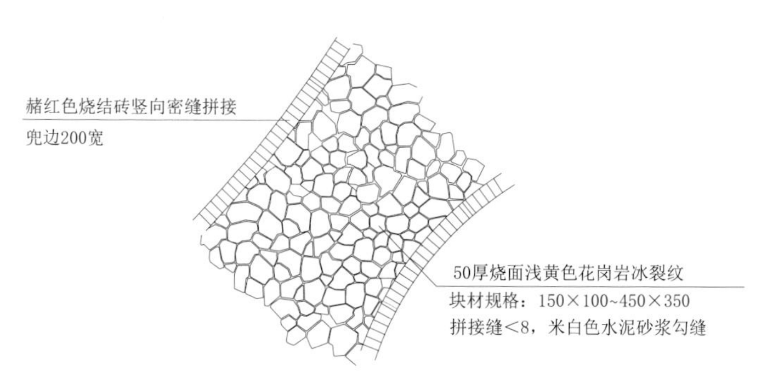

乱形烧面花岗岩冰裂纹铺装平面图

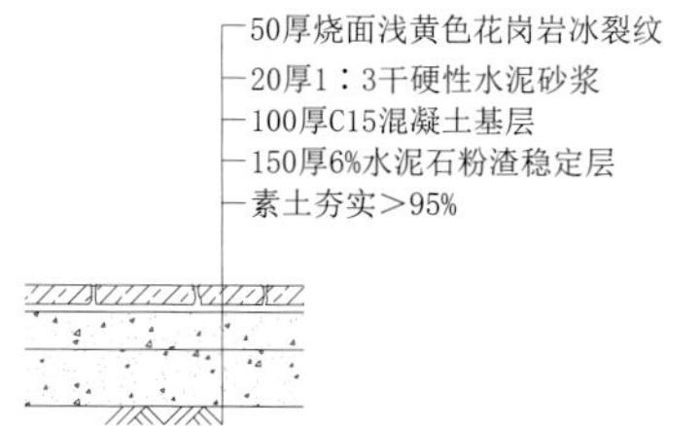

乱形烧面花岗岩冰裂纹铺装剖面图

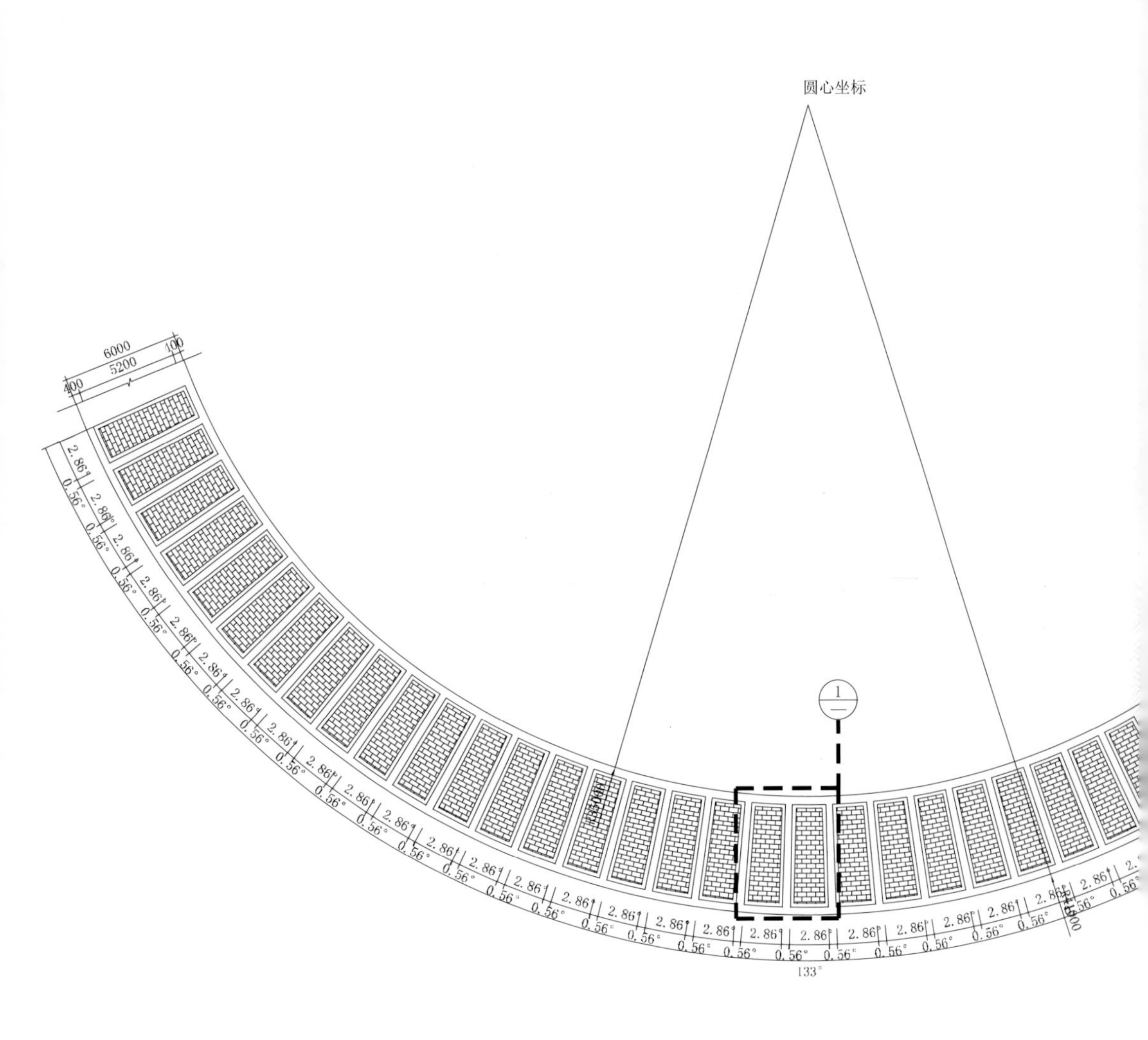
圆心坐标
6000
5200
400
400
2.86°
0.56°
133°
1

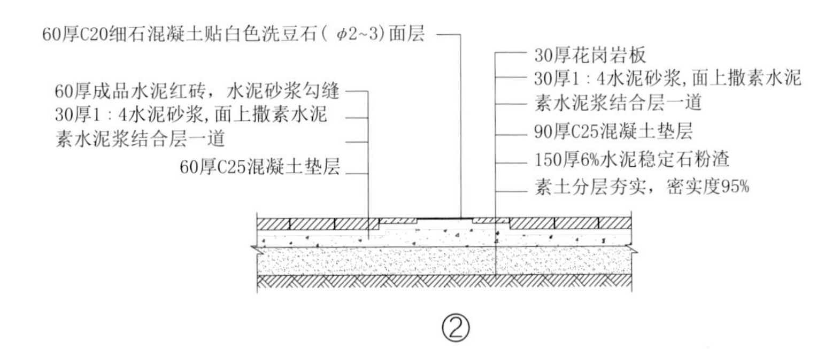
60厚C20细石混凝土贴白色洗豆石（ φ2~3）面层
60厚成品水泥红砖，水泥砂浆勾缝
30厚1：4水泥砂浆，面上撒素水泥
素水泥浆结合层一道
60厚C25混凝土垫层
30厚花岗岩板
30厚1：4水泥砂浆，面上撒素水泥
素水泥浆结合层一道
90厚C25混凝土垫层
150厚6%水泥稳定石粉渣
素土分层夯实，密实度95%

圆弧砖路铺装

②

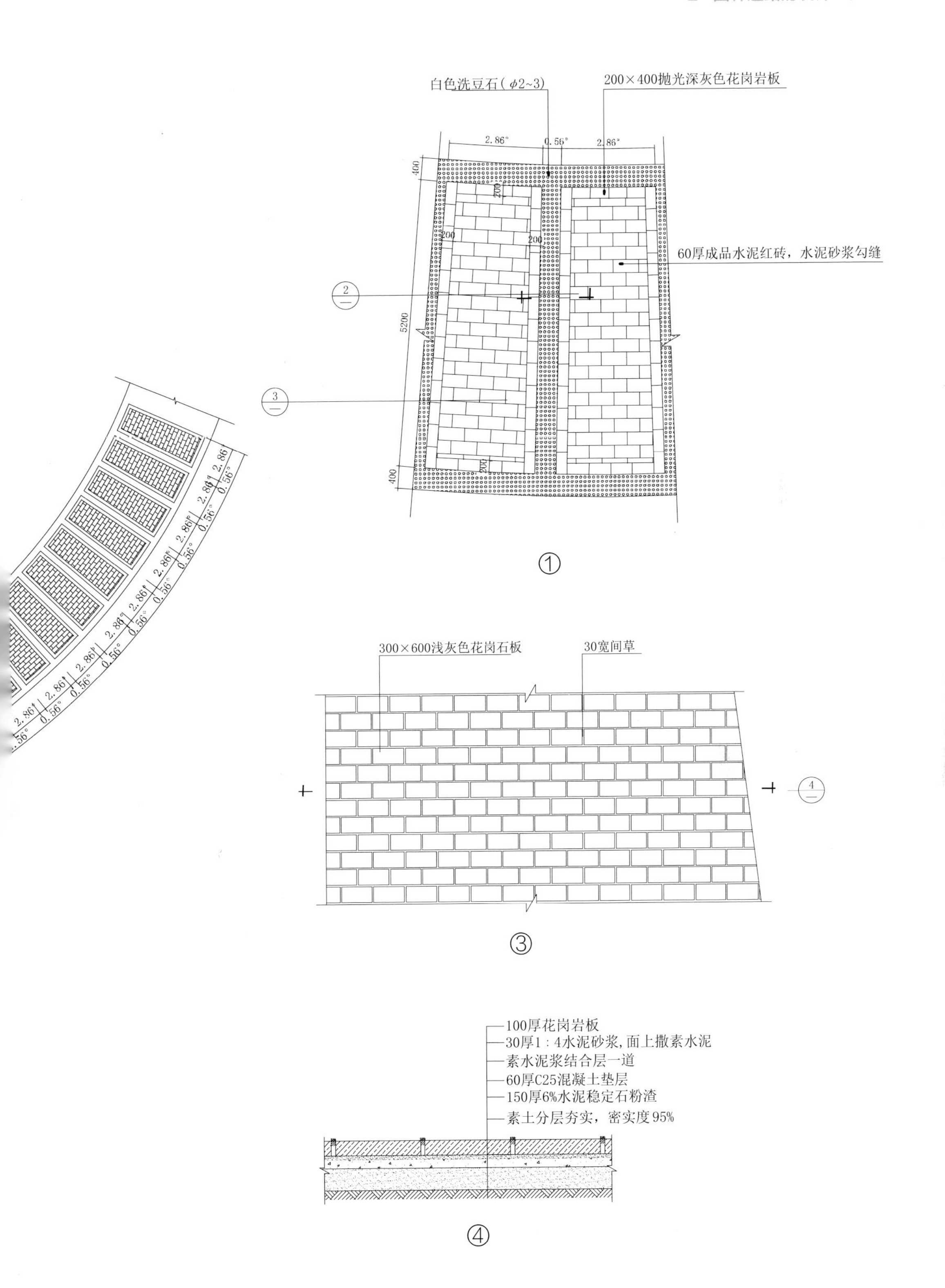
白色洗豆石（φ2~3）
200×400抛光深灰色花岗岩板
2.86°
0.56°
2.86°
400
200
200
200
60厚成品水泥红砖，水泥砂浆勾缝
5200
200
400
①
300×600浅灰色花岗石板
30宽间草
③
100厚花岗岩板
30厚1：4水泥砂浆，面上撒素水泥
素水泥浆结合层一道
60厚C25混凝土垫层
150厚6%水泥稳定石粉渣
素土分层夯实，密实度95%
④

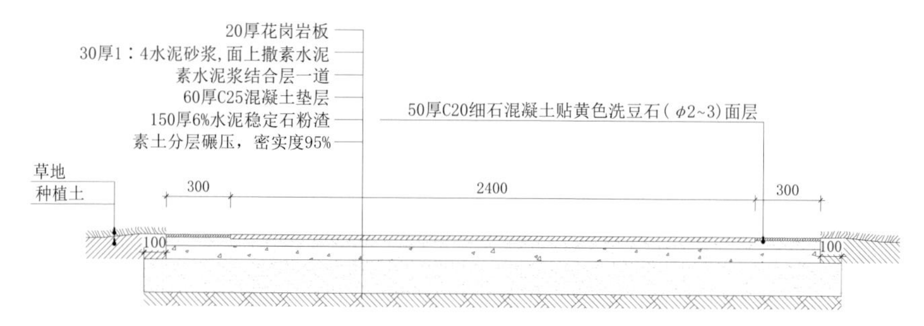

洗豆石镶边浅灰色花岗岩铺装剖面图

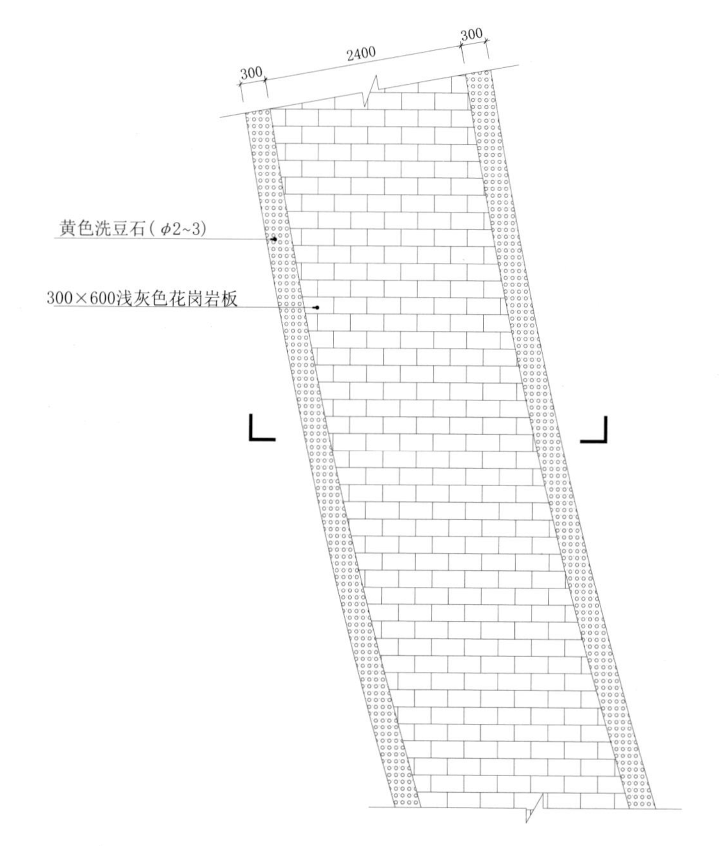

洗豆石镶边浅灰色花岗岩铺装平面图

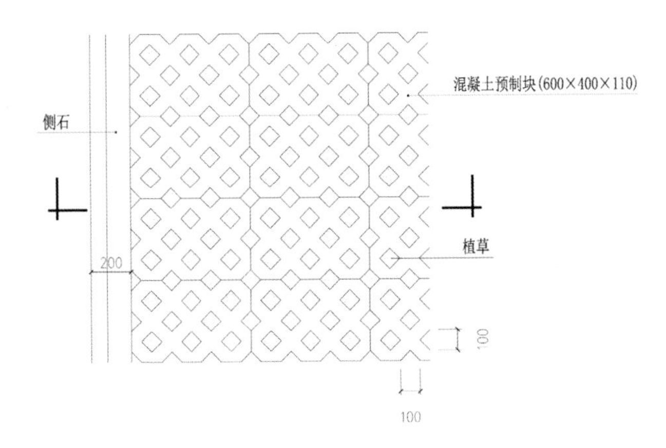

混凝土预制嵌草铺装平面图

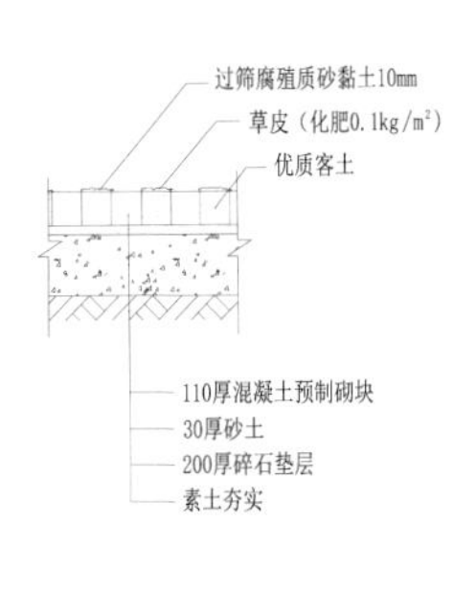

混凝土预制嵌草铺装剖面图

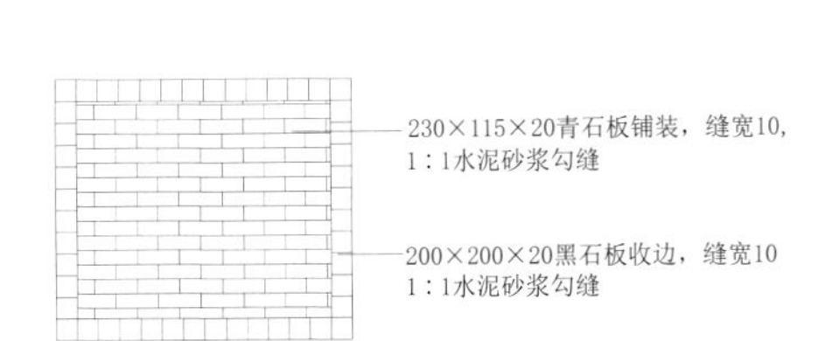

地库上方黄木纹青石板路铺装平面图

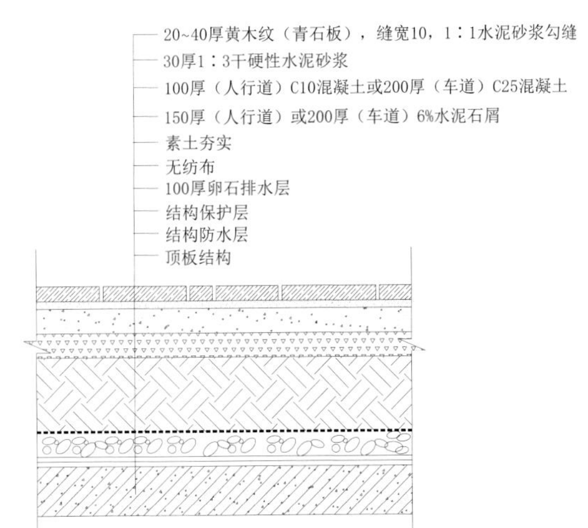

地库上方黄木纹青石板路铺装剖面图

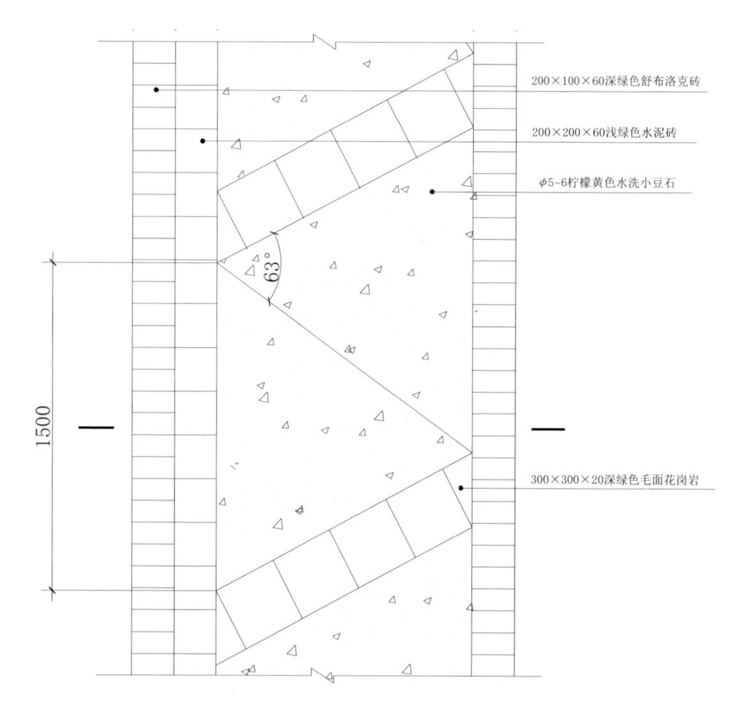

花岗岩镶边青石斜铺平面图

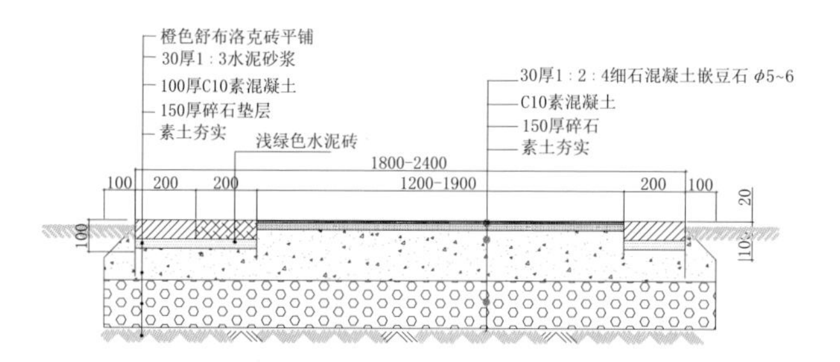

花岗岩镶边青石斜铺剖面图

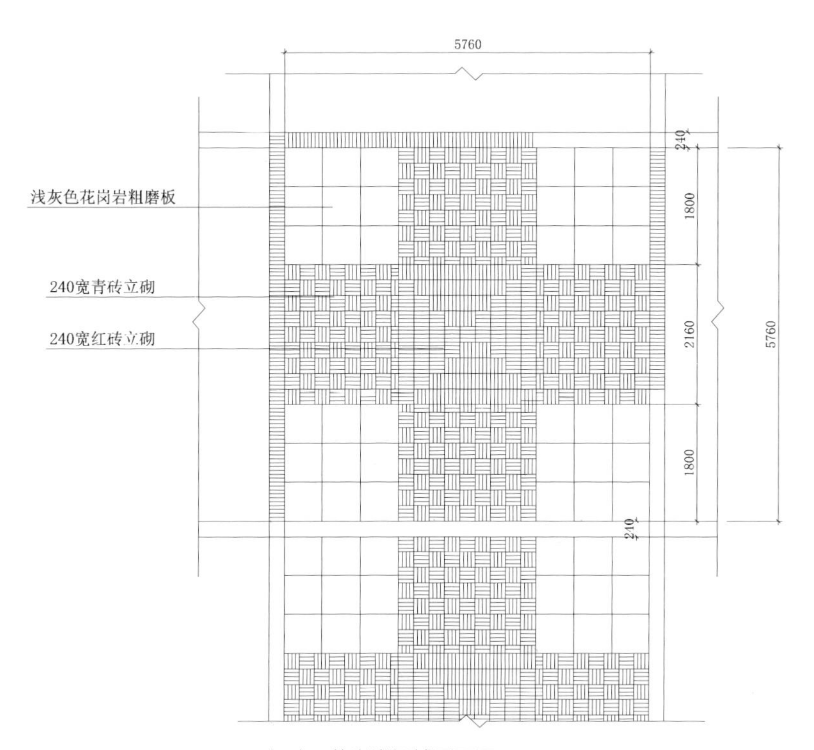

红砖、花岗岩间铺平面图

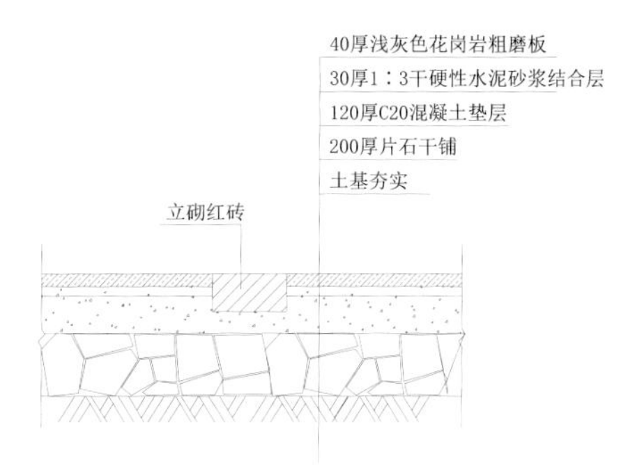

红砖、花岗岩间铺剖面图

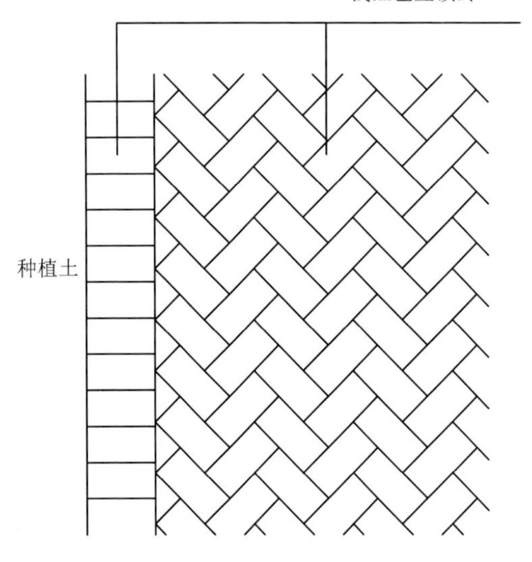

互锁砖铺装平面图

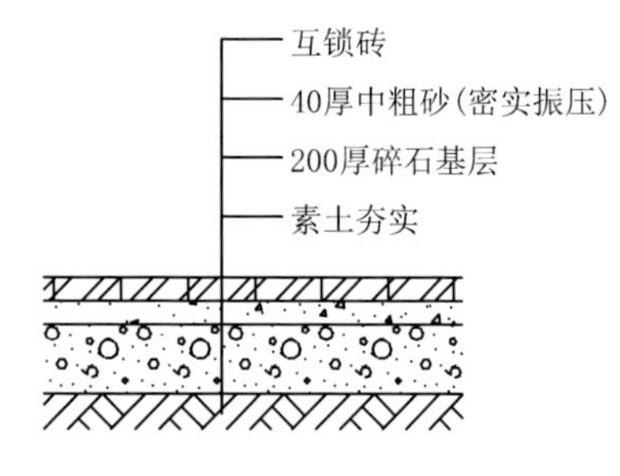

互锁砖铺装剖面大样

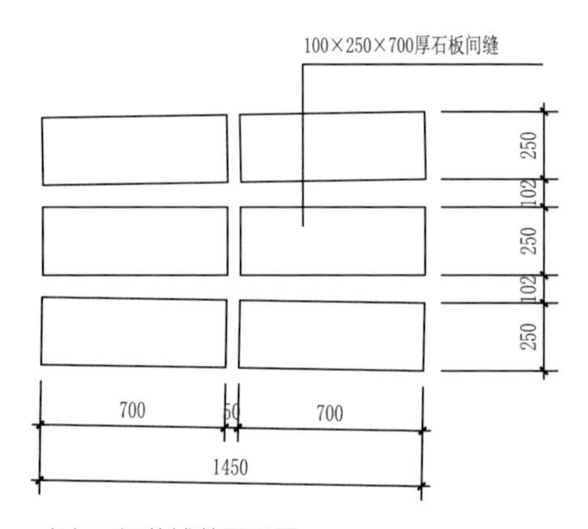

青条石间草铺装平面图

250×700×100机切青石板，缝宽50
30厚1∶2机制砂浆结合层
330厚多渣层（水泥∶煤渣∶碎石为2∶3∶5）
素土夯实
700
50
700
80
330

青条石间草铺装剖面图

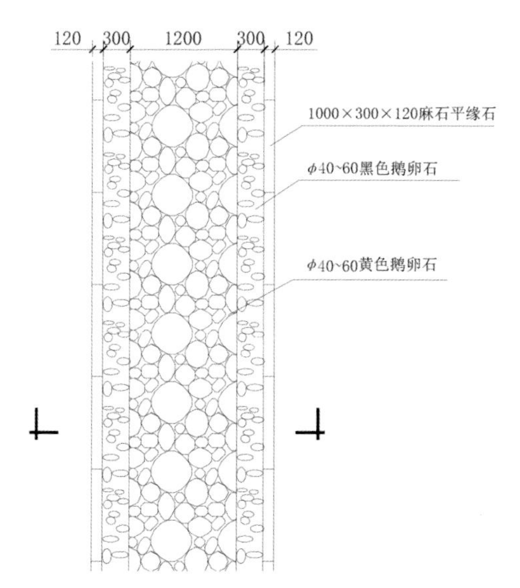

黑色鹅卵石镶边黄色鹅卵石铺装平面图

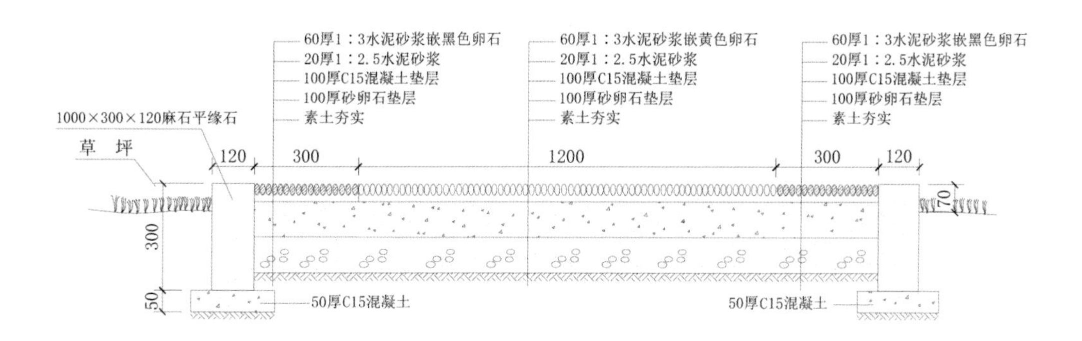

黑色鹅卵石镶边黄色鹅卵石铺装剖面图

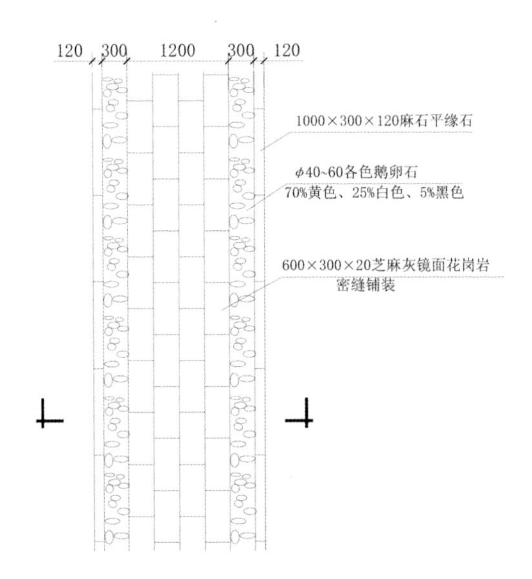

鹅卵石镶边镜面花岗岩铺装平面图

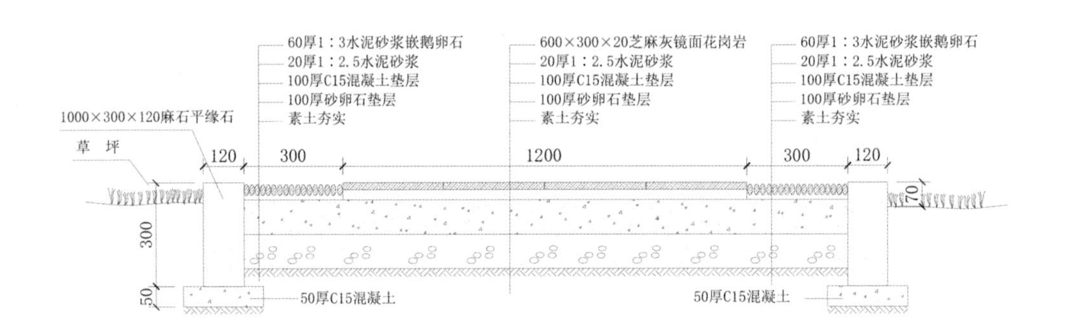

鹅卵石镶边镜面花岗岩铺装剖面图

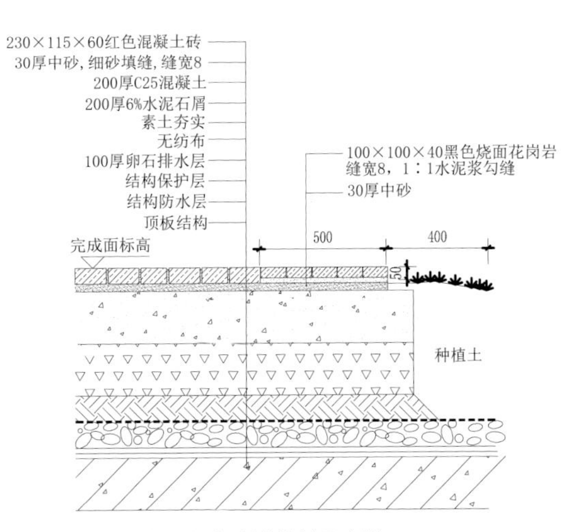

地库上方混凝土砖铺装剖面大样

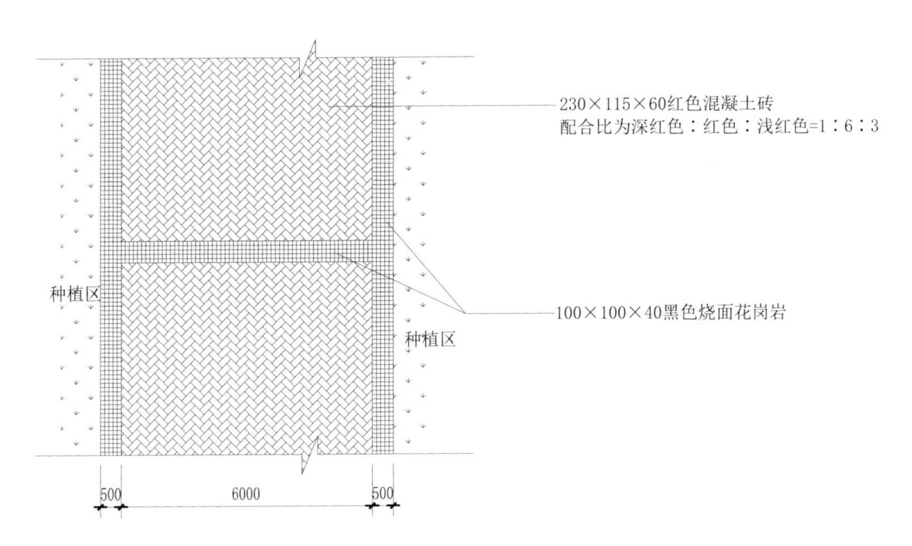

地库上方混凝土砖铺装平面图

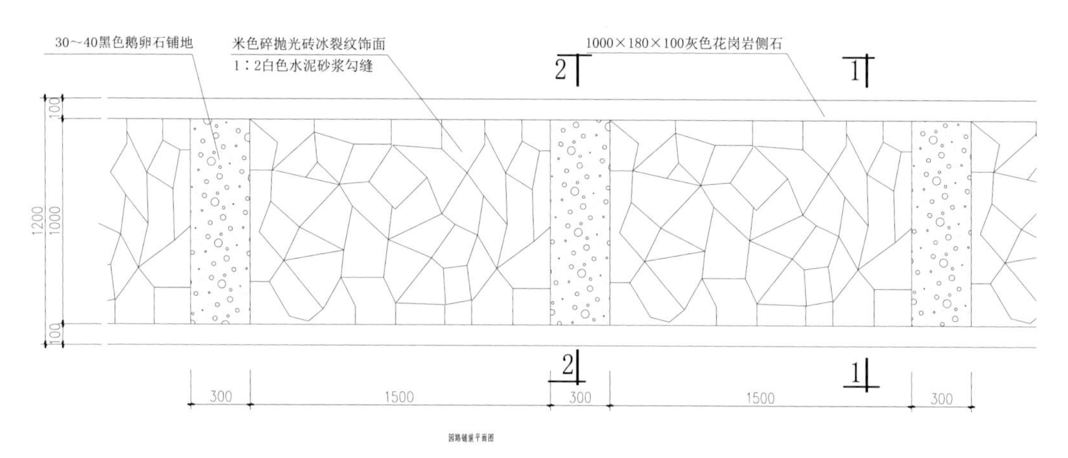

米色抛光砖间鹅卵石铺装平面图

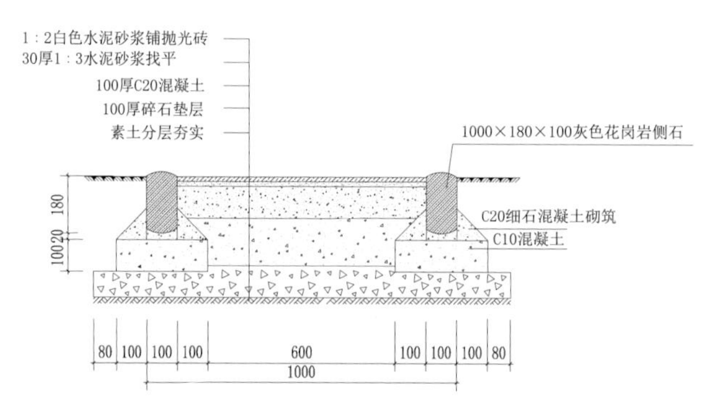

米色抛光砖间鹅卵石铺装剖面图 1

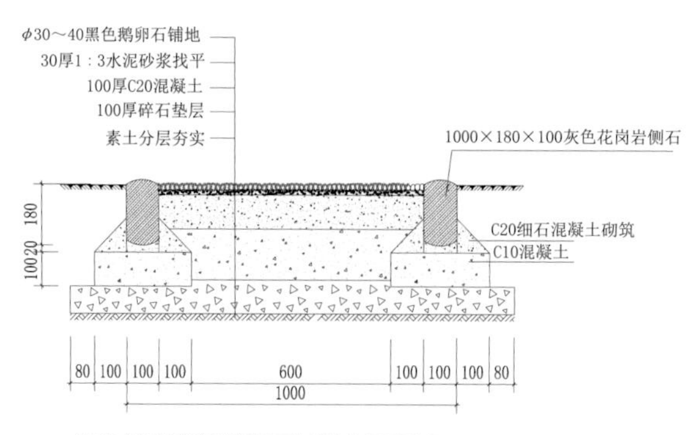

米色抛光砖间鹅卵石铺装剖面图 2

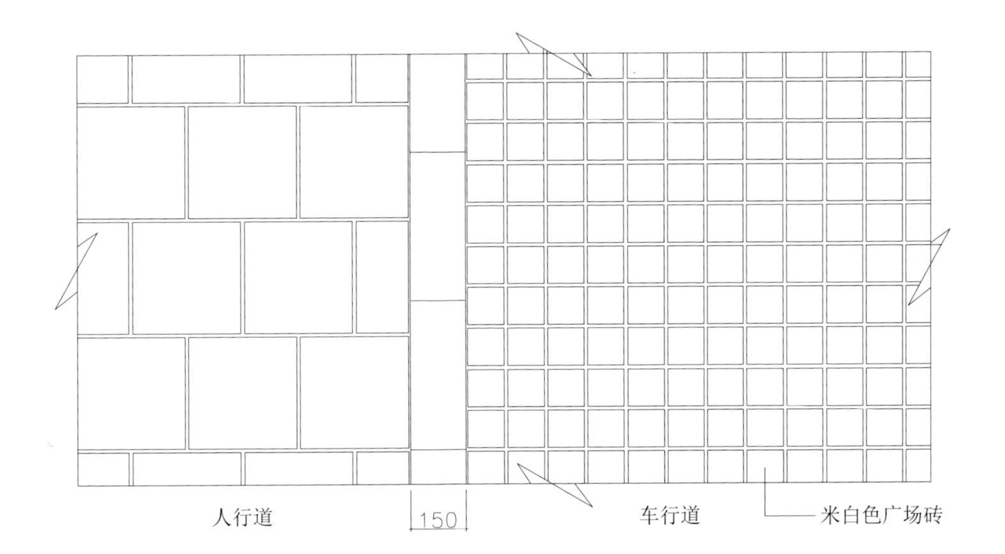

花岗岩与广场砖交接铺装平面图

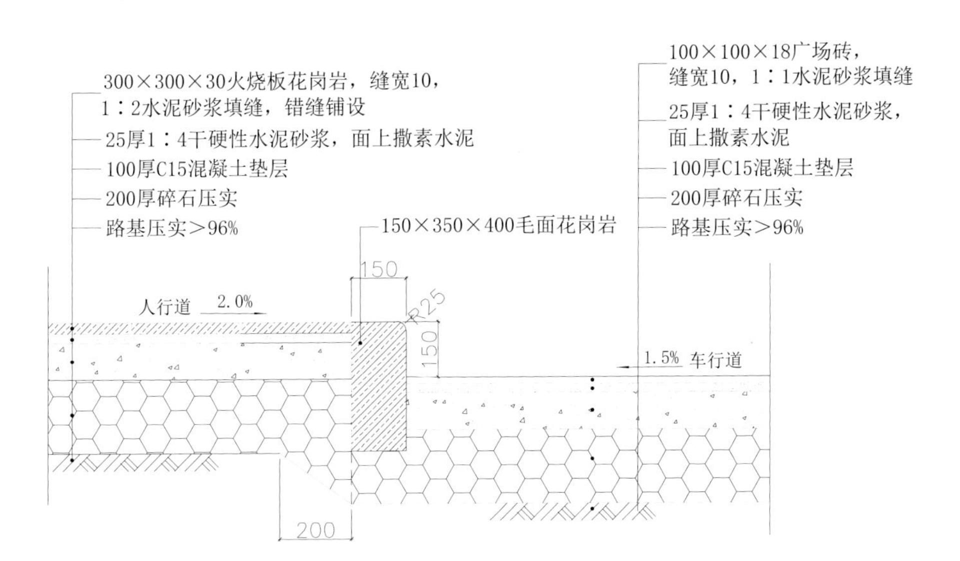

花岗岩与广场砖交接铺装剖面图

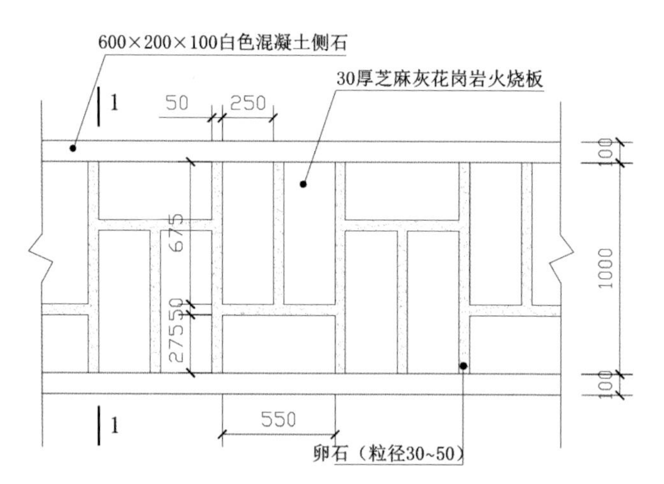

芝麻灰花岗岩混凝土镶边铺装平面图

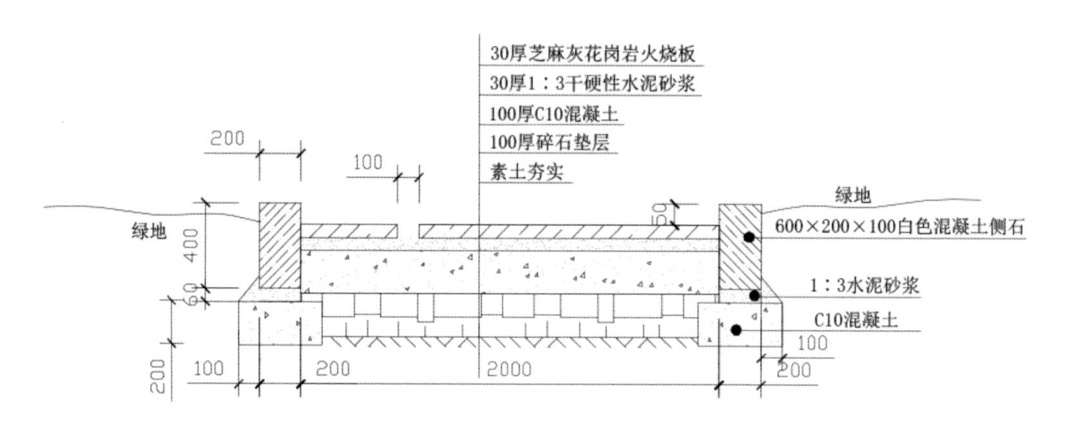

芝麻灰花岗岩混凝土镶边铺装剖面图

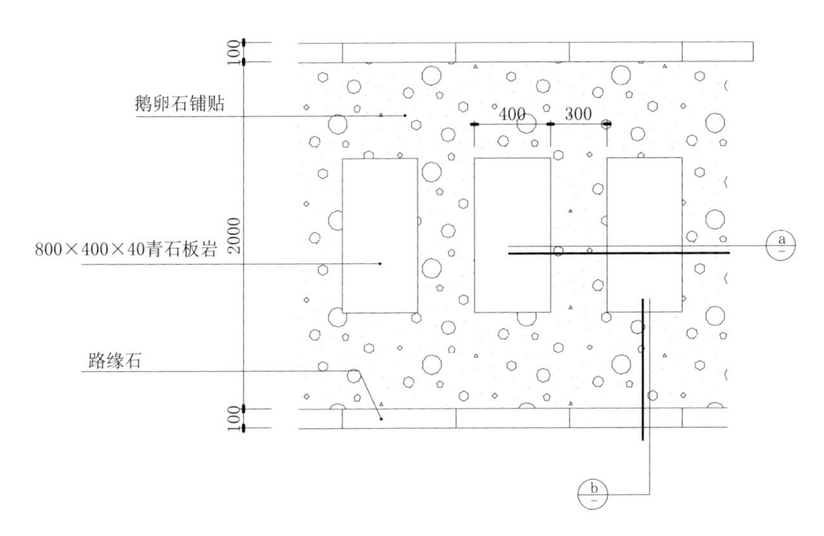

青石板、鹅卵石间铺装平面图

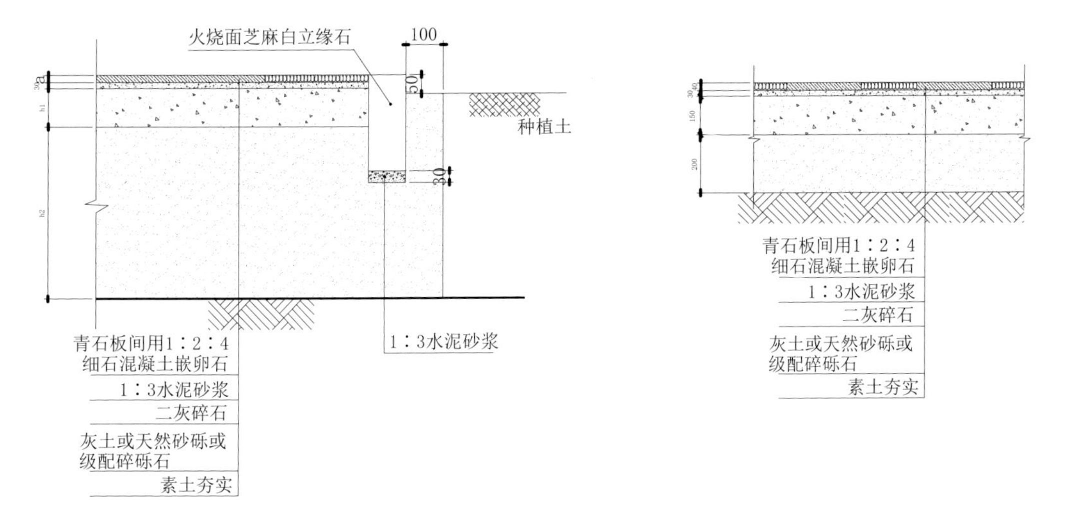

青石板、鹅卵石间铺装大样 1

青石板、鹅卵石间铺装大样 2

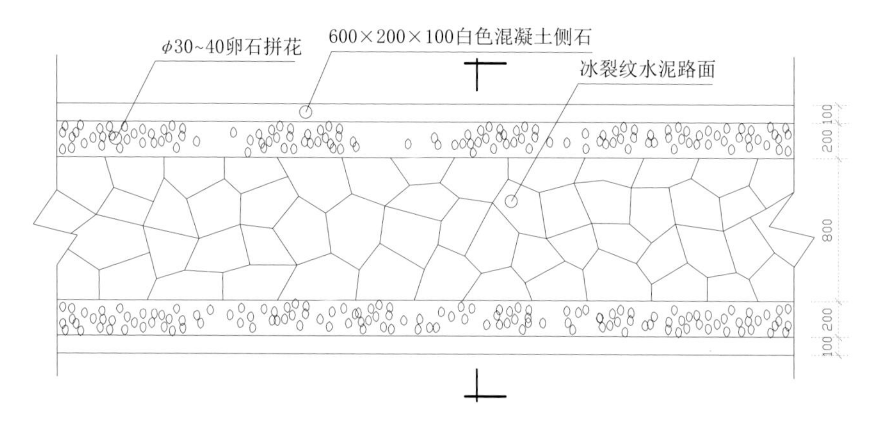

冰裂纹水泥路面铺装平面图

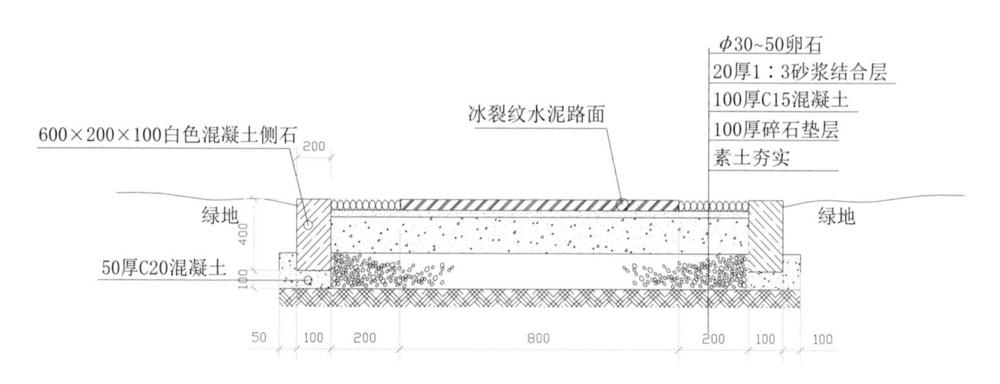

冰裂纹水泥路面铺装剖面图

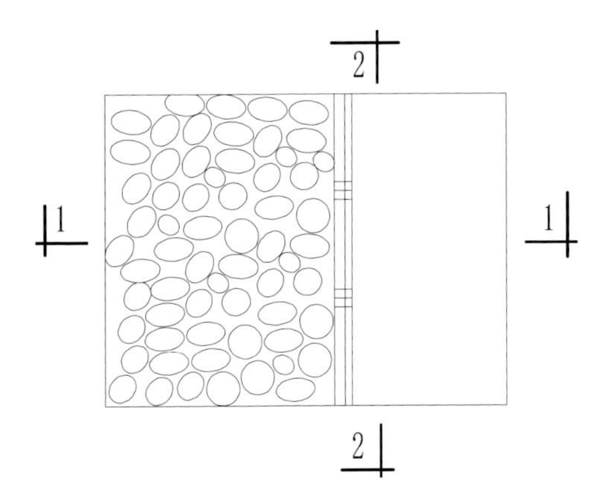

鹅卵石花岗岩相接铺装平面图

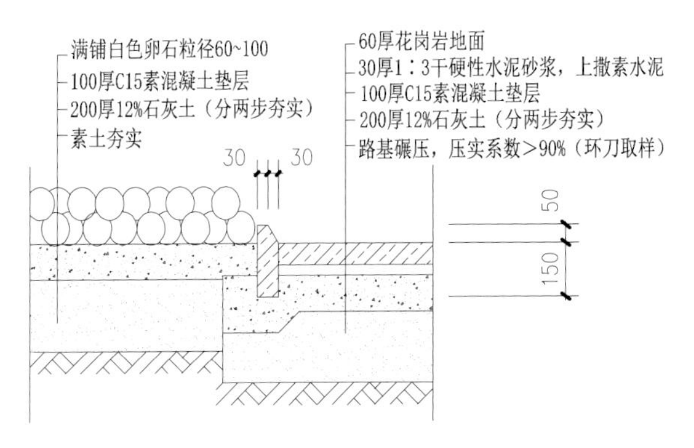

鹅卵石花岗岩相接铺装剖面图 1

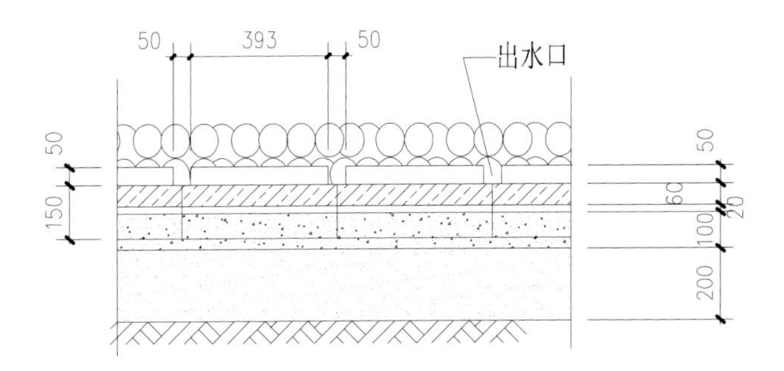

鹅卵石花岗岩相接铺装剖面图 2

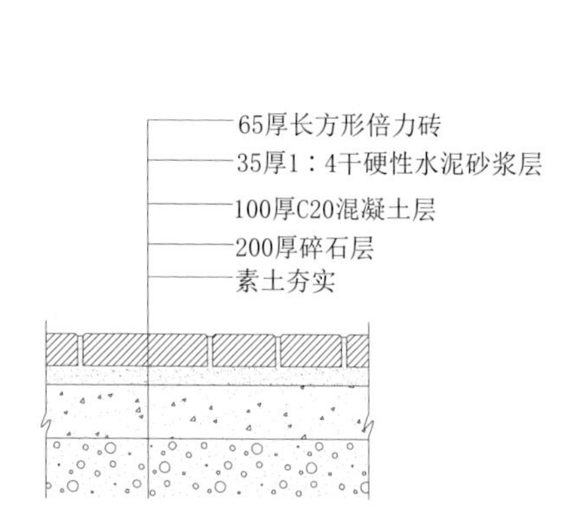

多色倍力砖铺装大样 1

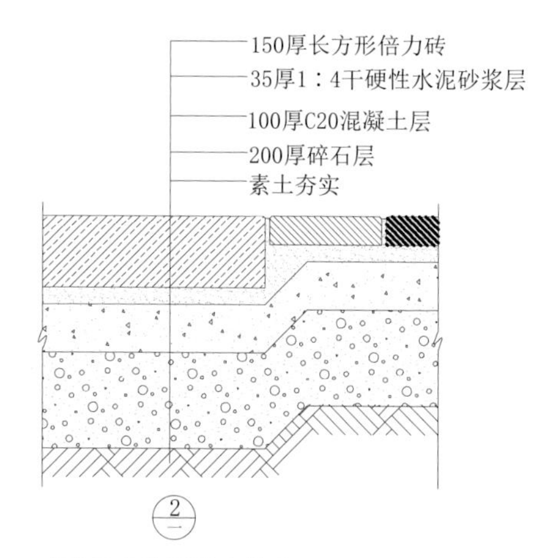

多色倍力砖铺装大样 2

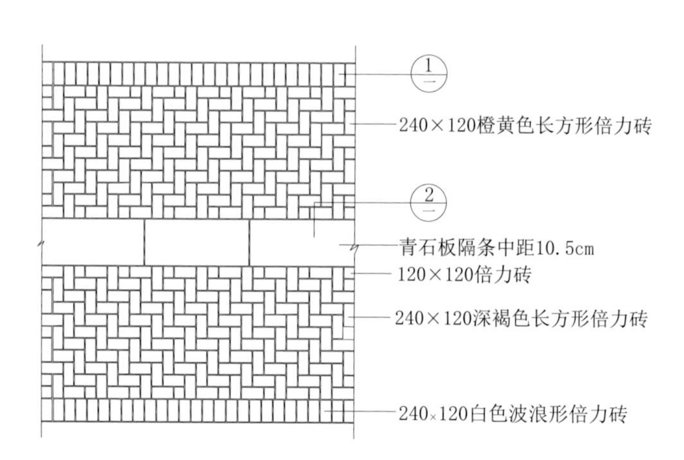

多色倍力砖铺装

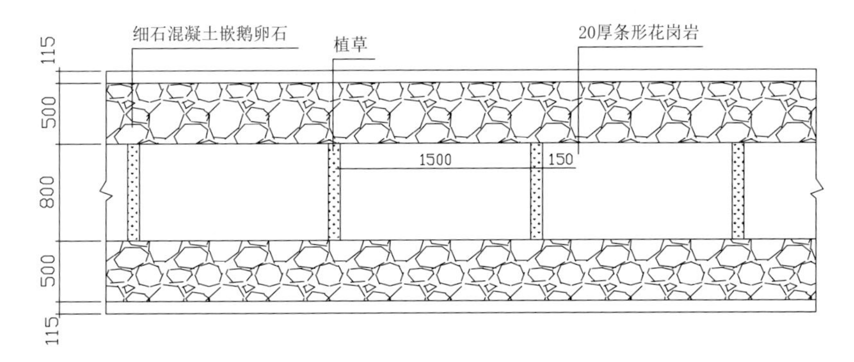

条形花岗岩、卵石嵌草铺装平面图

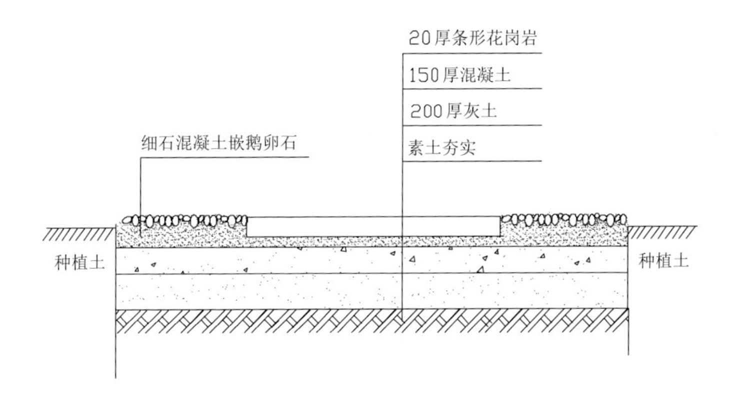

条形花岗岩、卵石嵌草铺装剖面图

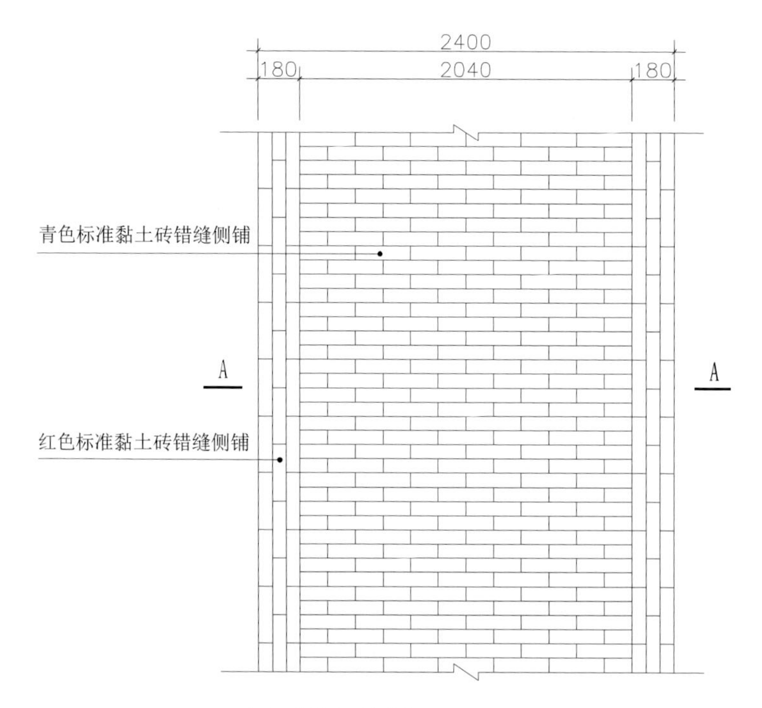

青色标准黏土砖侧铺平面图

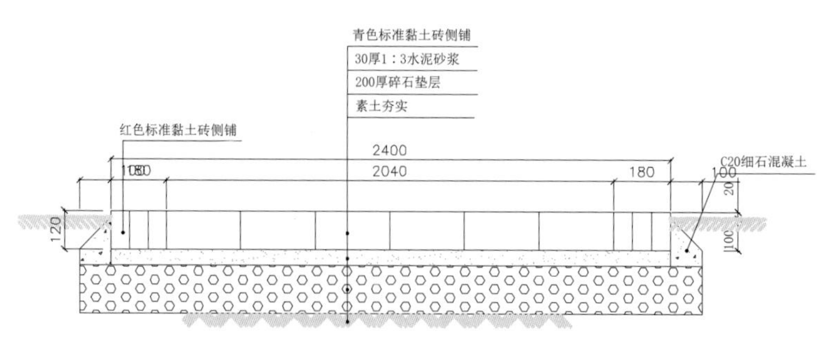

青色标准黏土砖侧铺剖面图

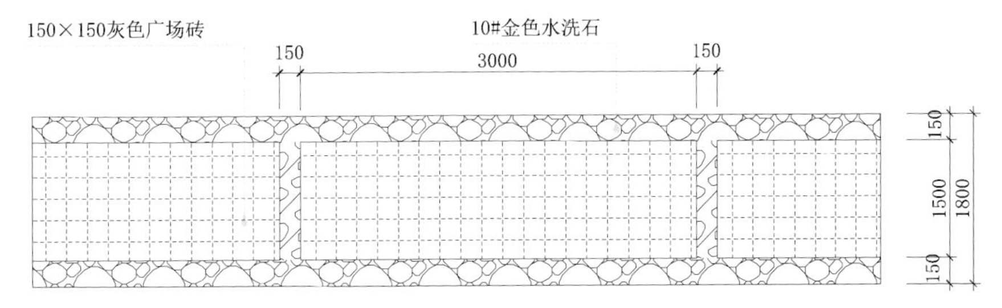

金色水洗石铺装平面图

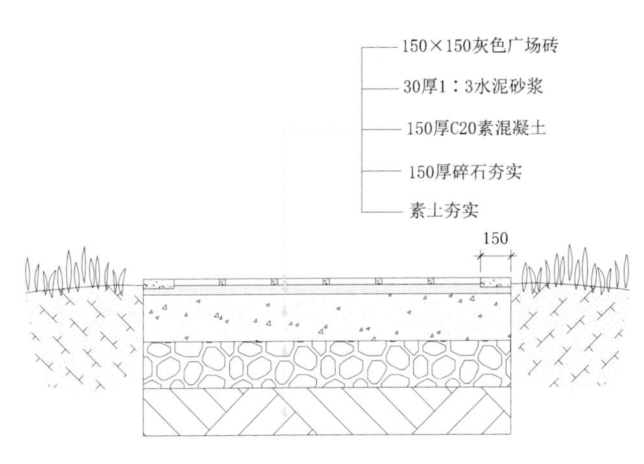

金色水洗石铺装剖面图

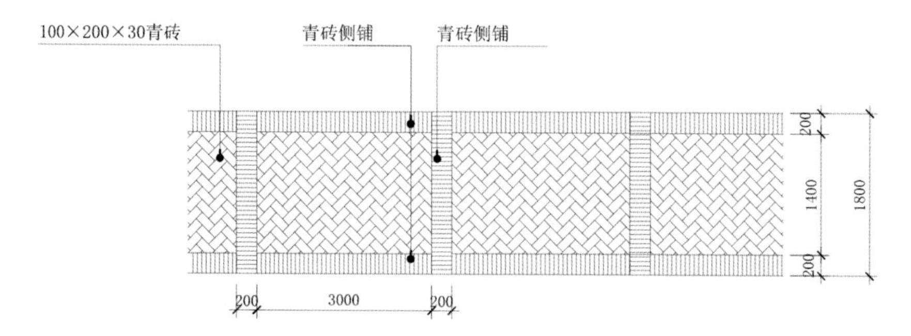

青砖互锁铺装平面图

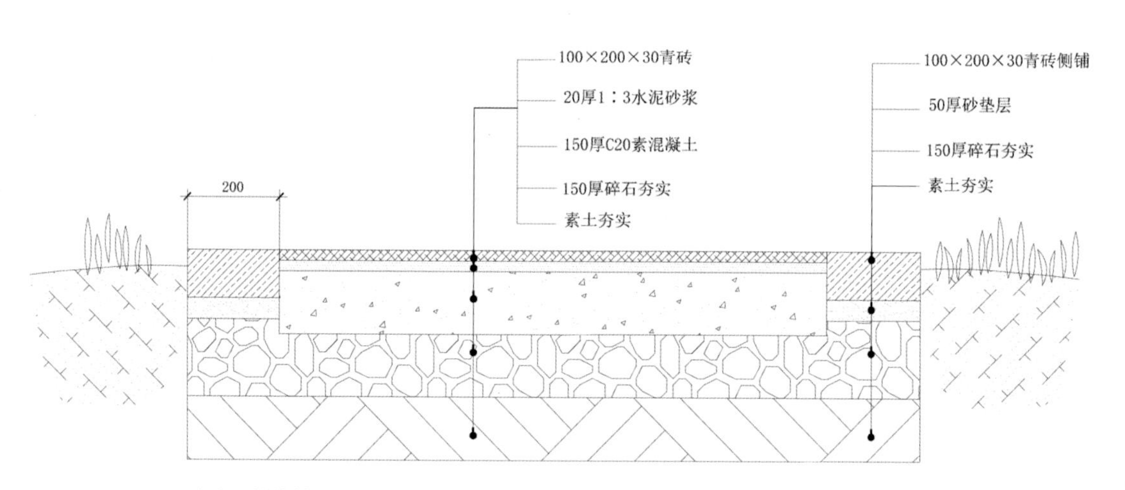

青砖互锁铺装剖面图

方形青石板、鹅卵石间铺平面图

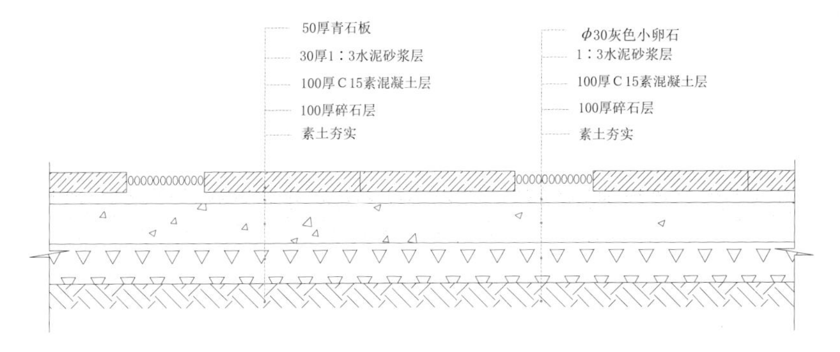

方形青石板、鹅卵石间铺剖面图

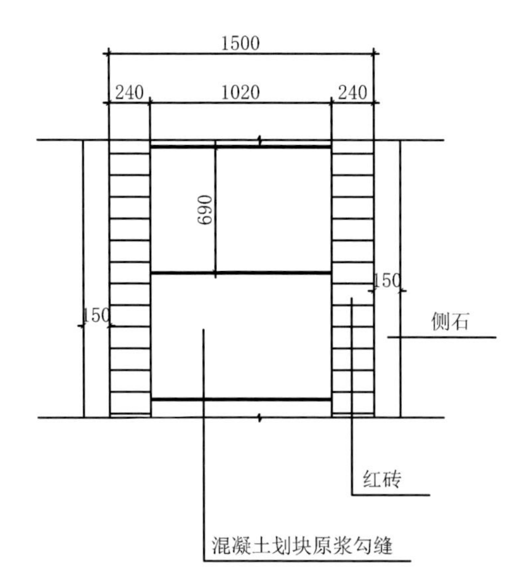

红砖镶边、混凝土划块铺装平面图

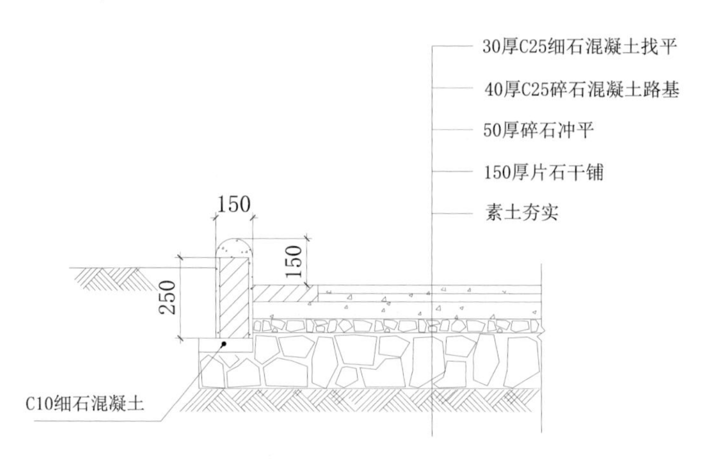

红砖镶边、混凝土划块铺装剖面大样

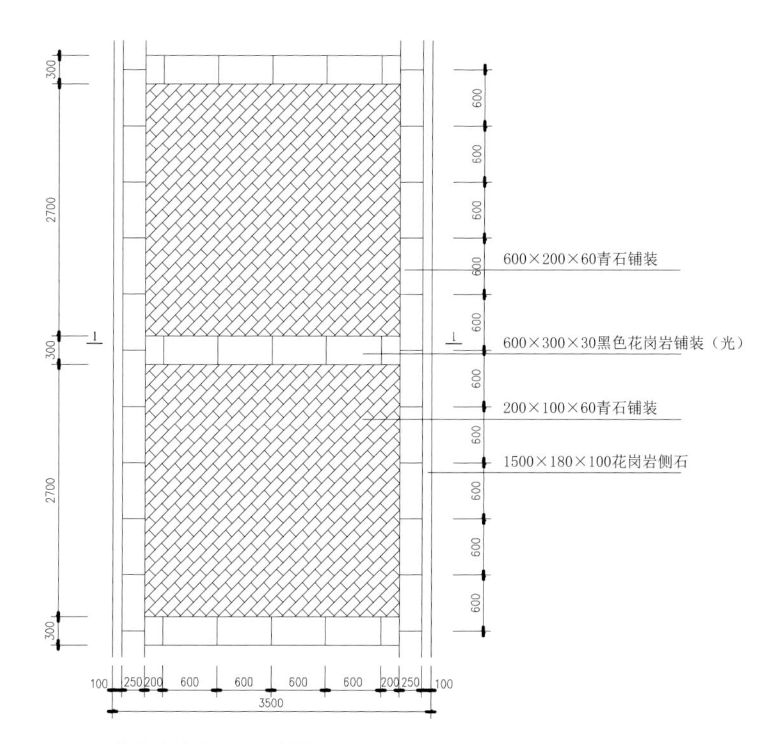

花岗岩镶边、青石斜铺平面图

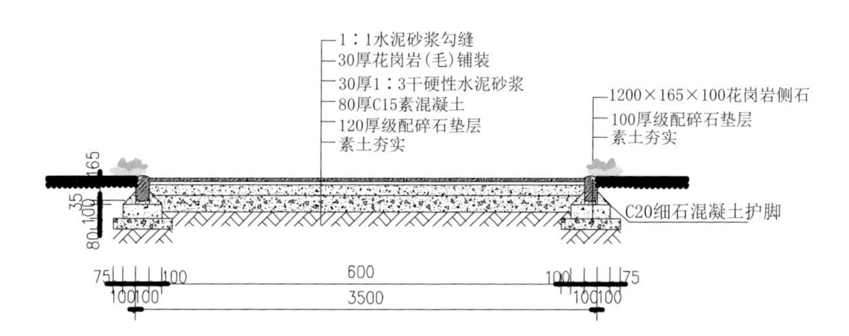

花岗岩镶边、青石斜铺剖面图

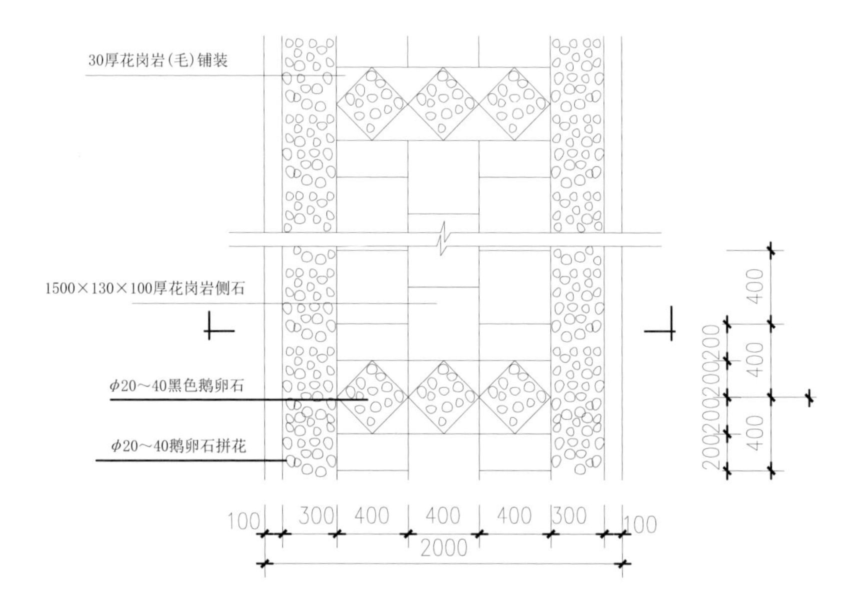

鹅卵石拼花，花岗岩铺装平面图

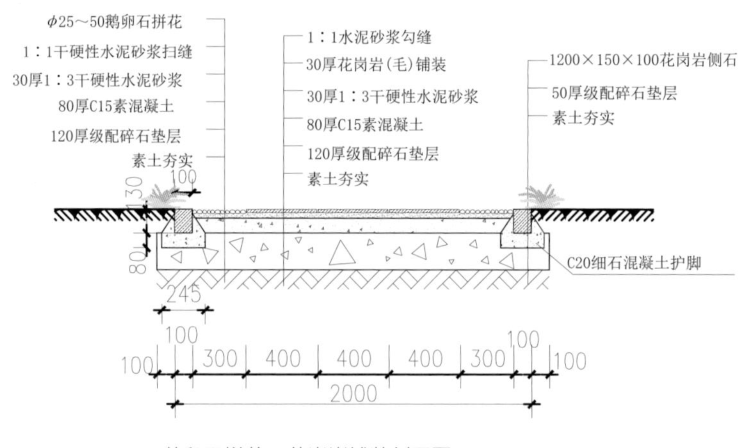

鹅卵石拼花，花岗岩铺装剖面图

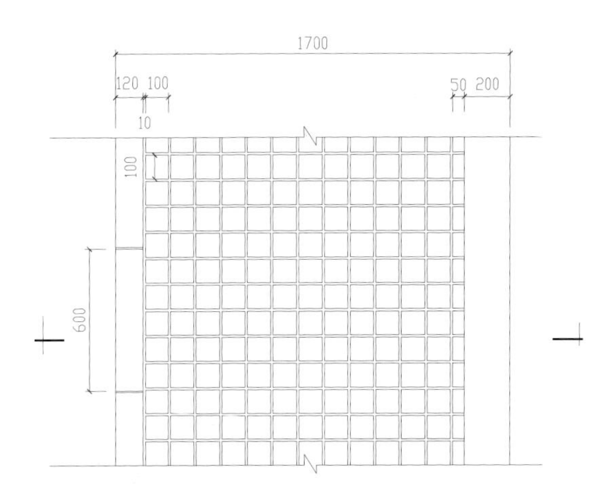

米色广场砖铺装平面图

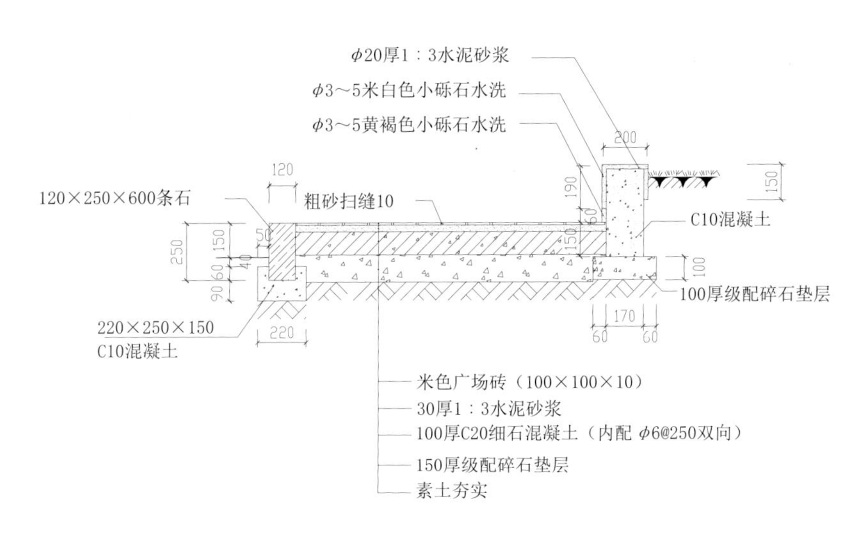

米色广场砖铺装剖面图

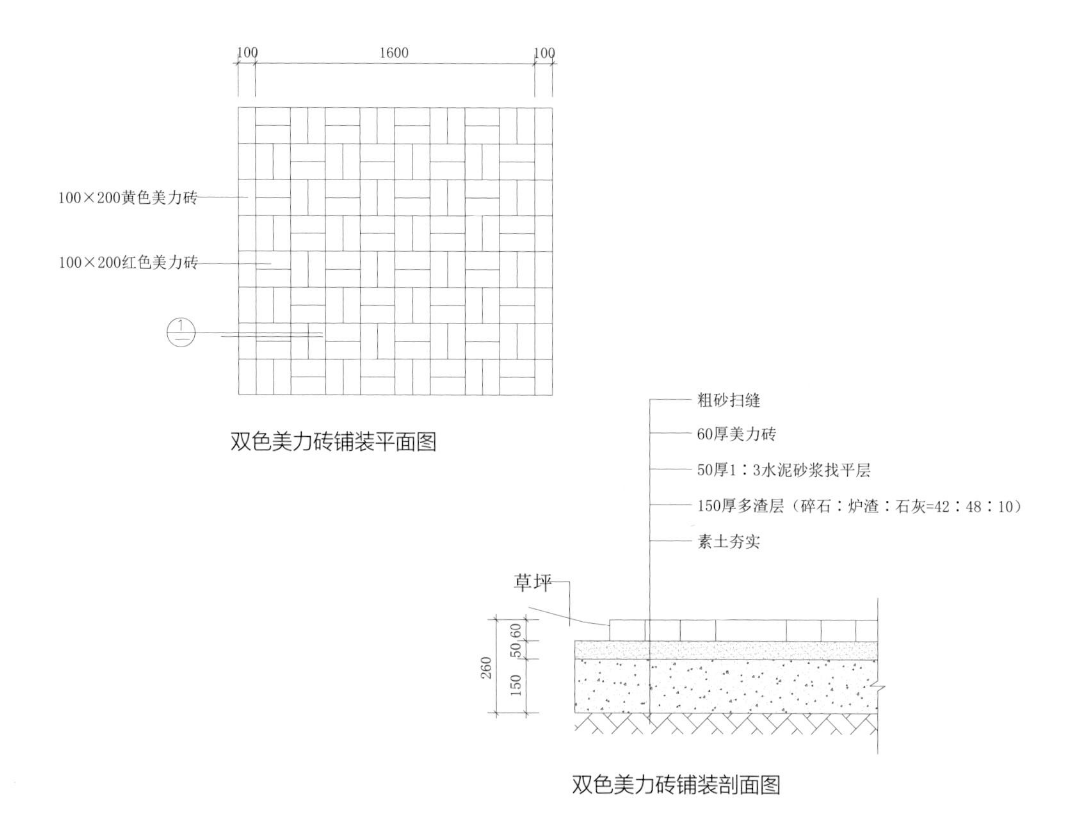

双色美力砖铺装平面图

双色美力砖铺装剖面图

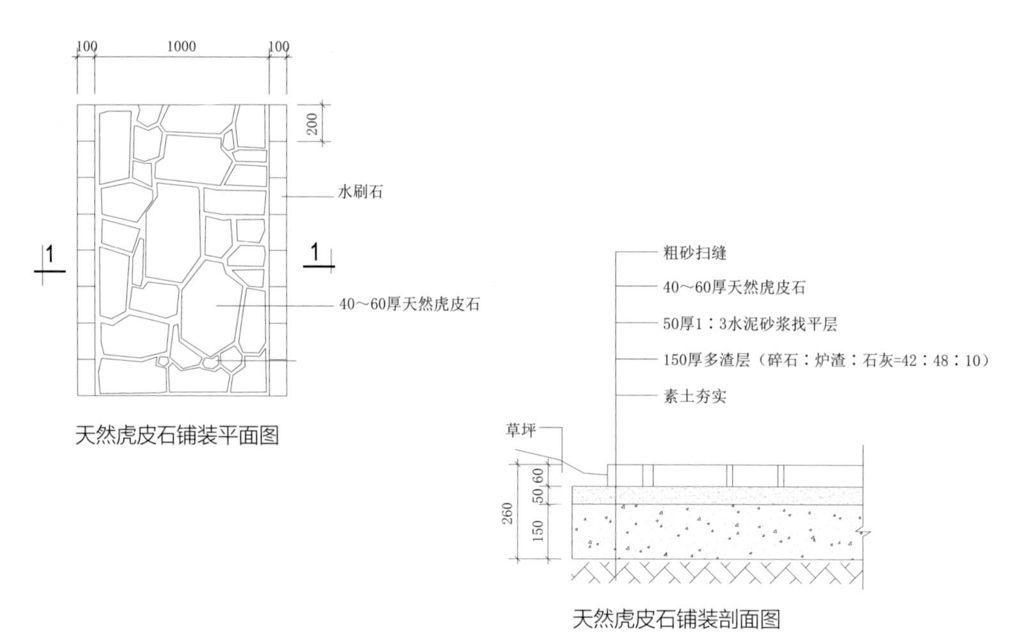

天然虎皮石铺装平面图

天然虎皮石铺装剖面图

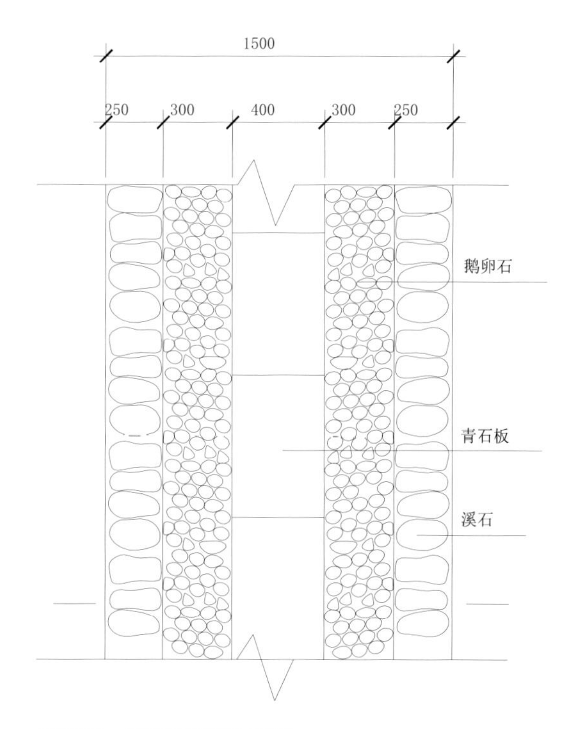

鹅卵石、青石板铺装平面图

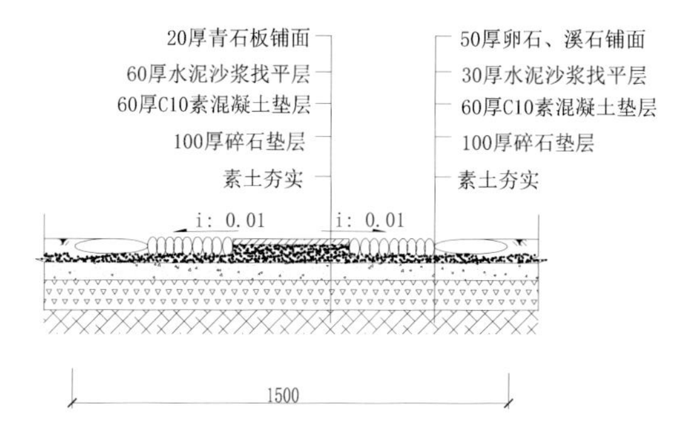

鹅卵石、青石板铺装剖面图

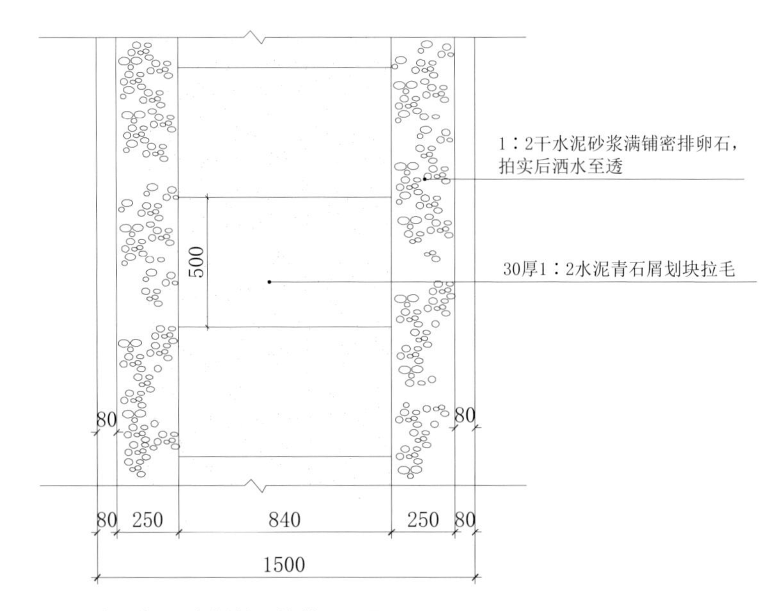

水泥青石屑划块拉毛铺装平面图

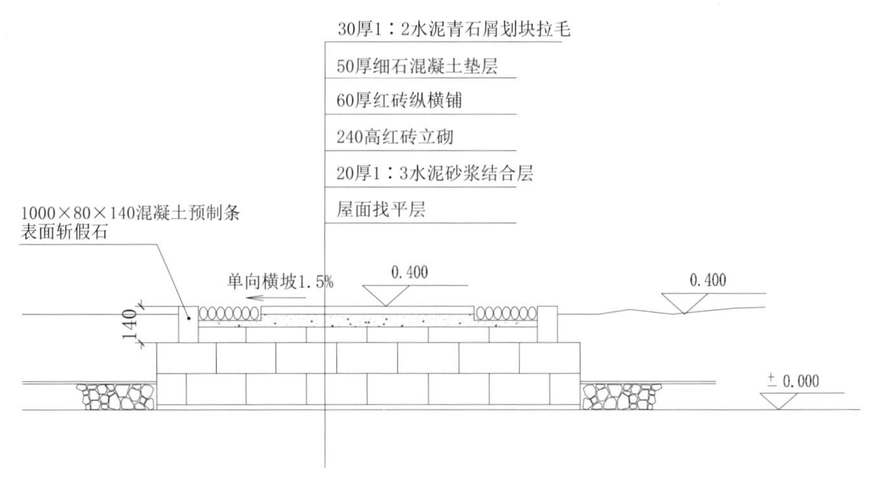

水泥青石屑划块拉毛铺装剖面图

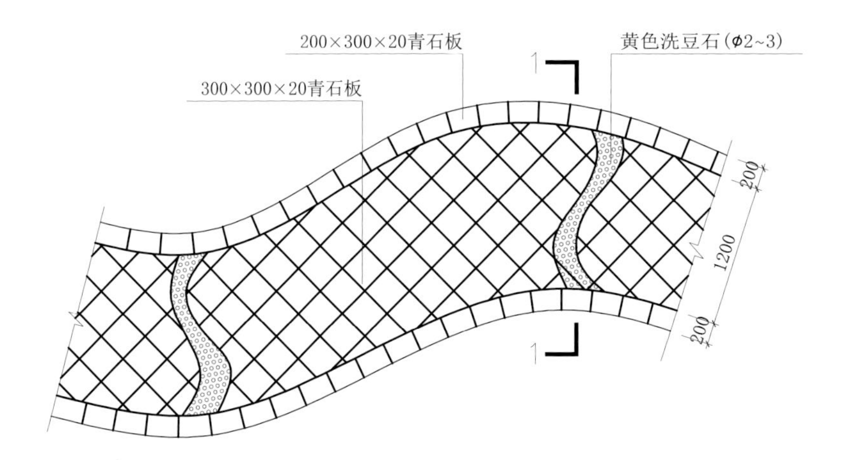

青石板铺装平面图

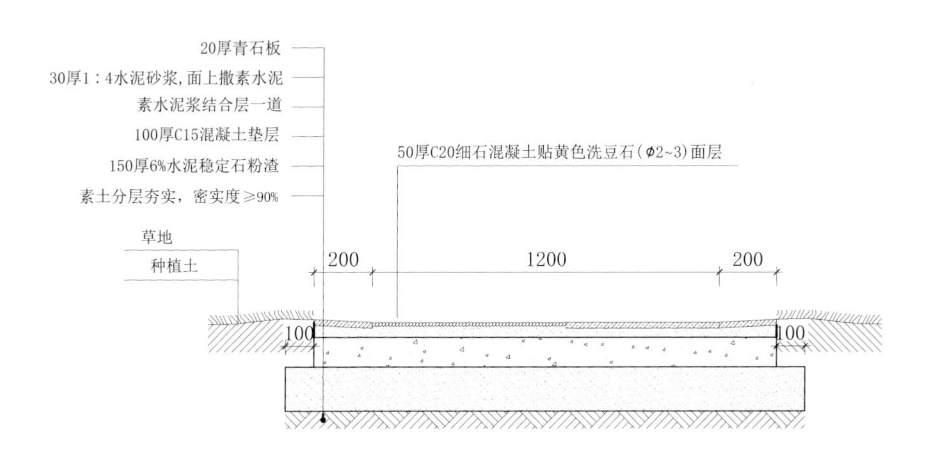

青石板铺装剖面图

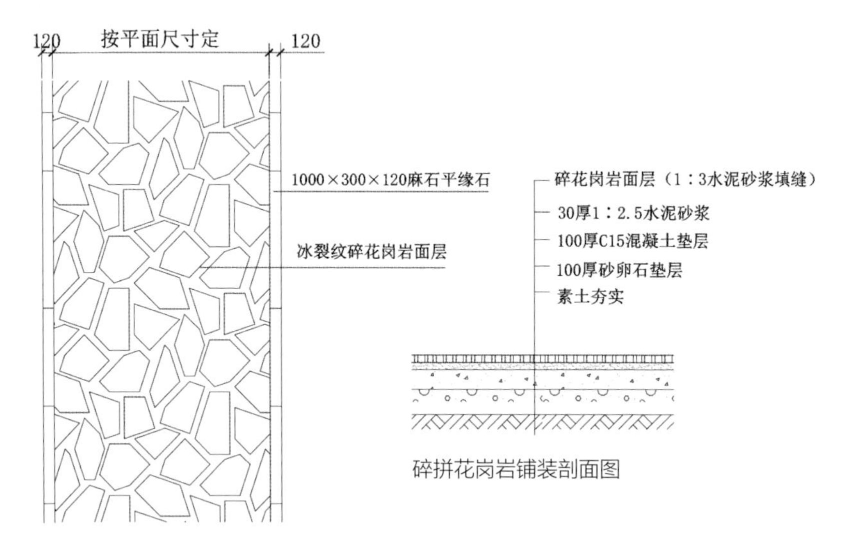

碎拼花岗岩铺装剖面图

碎拼花岗岩铺装平面图

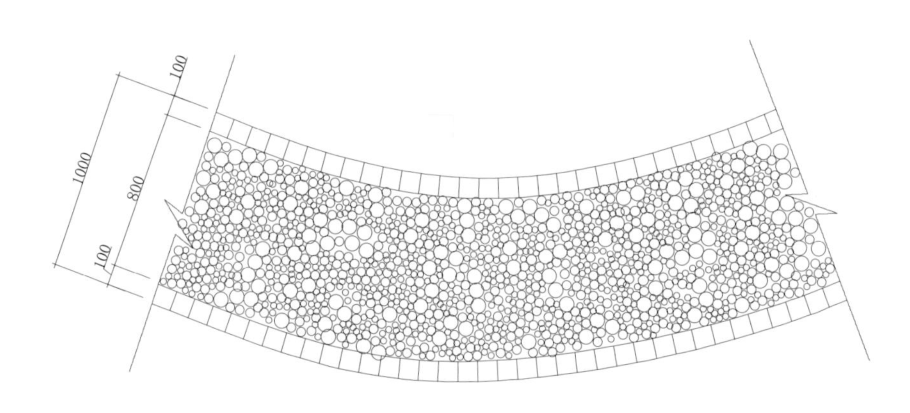

白麻石镶边，鹅卵石铺装平面图

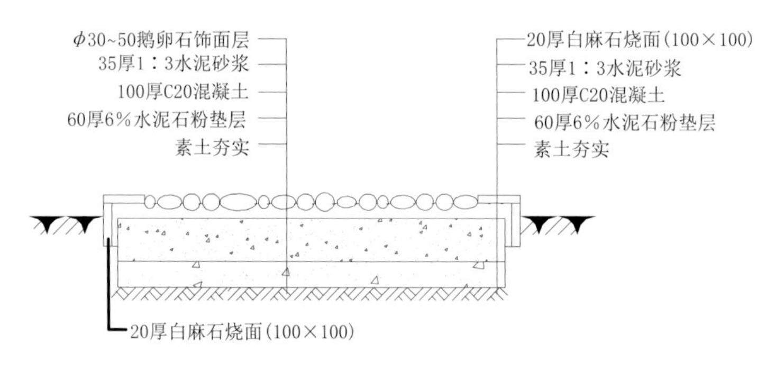

白麻石镶边，鹅卵石铺装剖面图

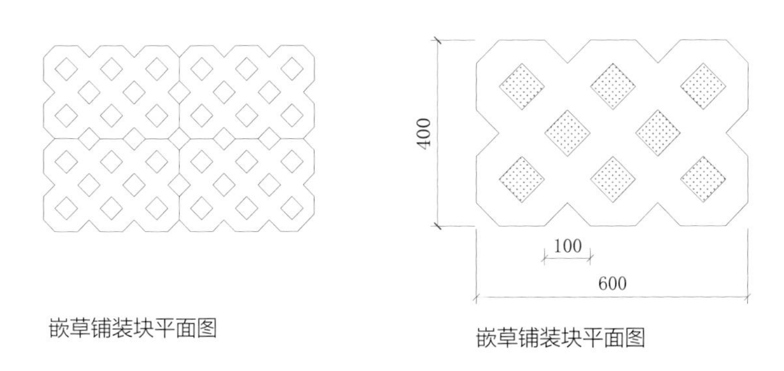

嵌草铺装块平面图　　嵌草铺装块平面图

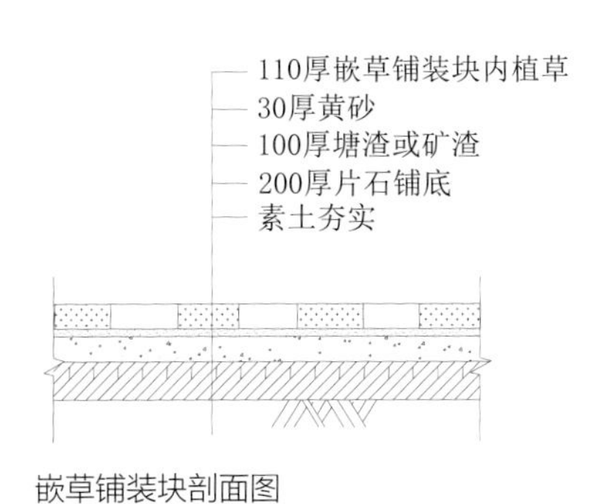

嵌草铺装块剖面图

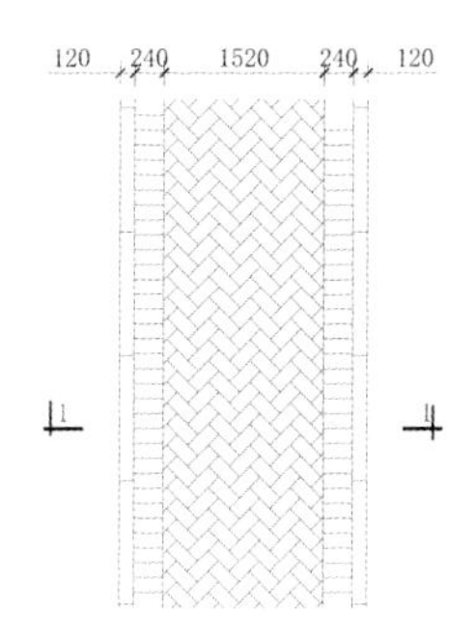

建菱砖互锁铺装平面图

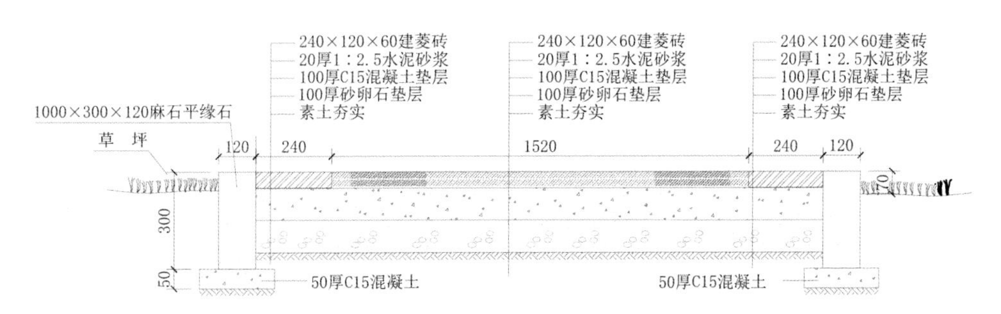

建菱砖互锁铺装剖面图

2.3 汀步设计图解

2.3.1 汀步做法

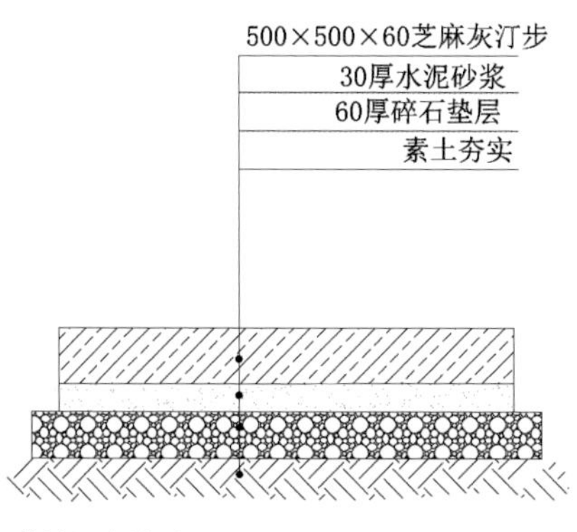

草地汀步做法 1

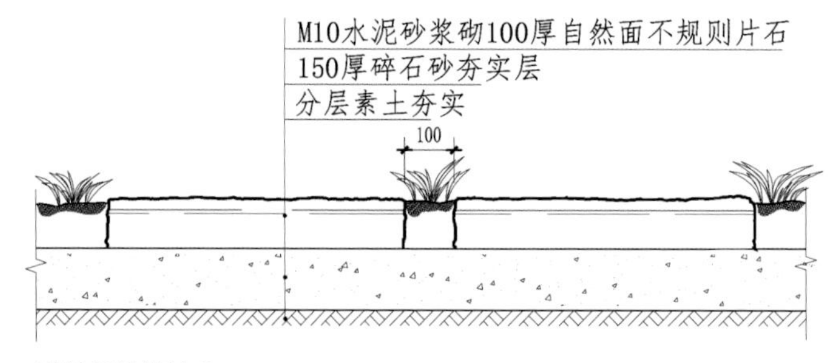

草地汀步做法 2

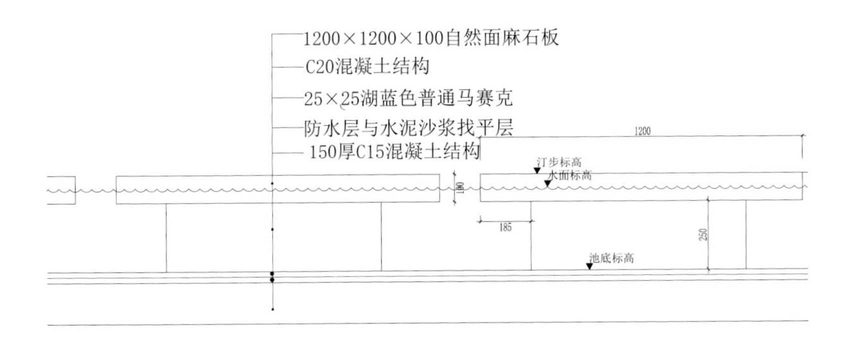
1200×1200×100自然面麻石板
C20混凝土结构
25×25湖蓝色普通马赛克
防水层与水泥沙浆找平层
150厚C15混凝土结构
1200
汀步标高
水面标高
100
185
250
池底标高

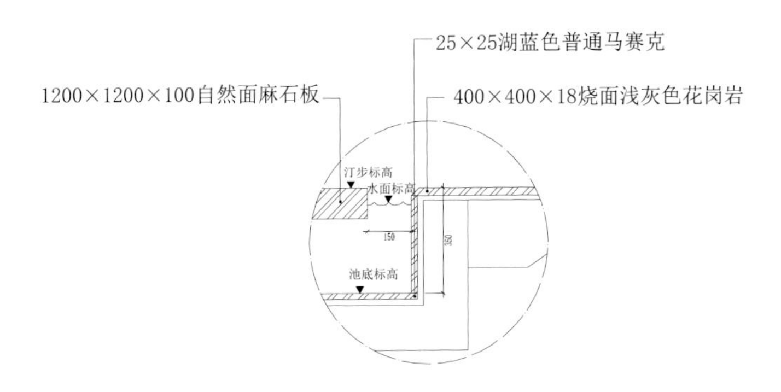
25×25湖蓝色普通马赛克
1200×1200×100自然面麻石板
400×400×18烧面浅灰色花岗岩
汀步标高
水面标高
150
池底标高

水面汀步做法

2.3.2 汀步方案

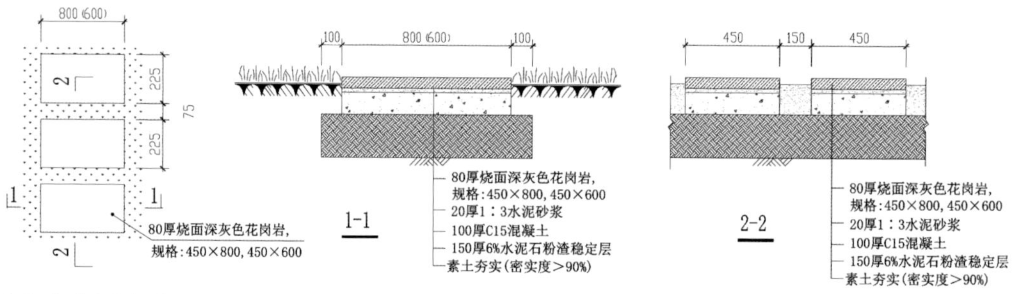

深灰色花岗岩汀步平面图　　深灰色花岗岩汀步剖面图 1　　深灰色花岗岩汀步剖面图 2

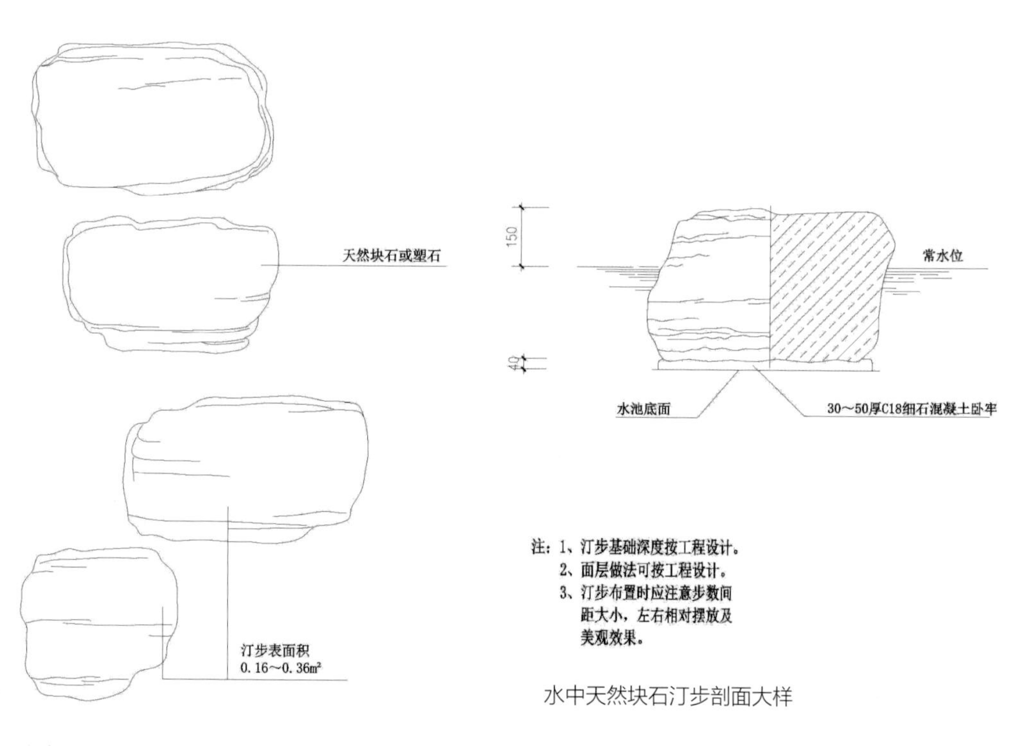

水中天然块石汀步剖面大样

水中天然块石汀步平面图

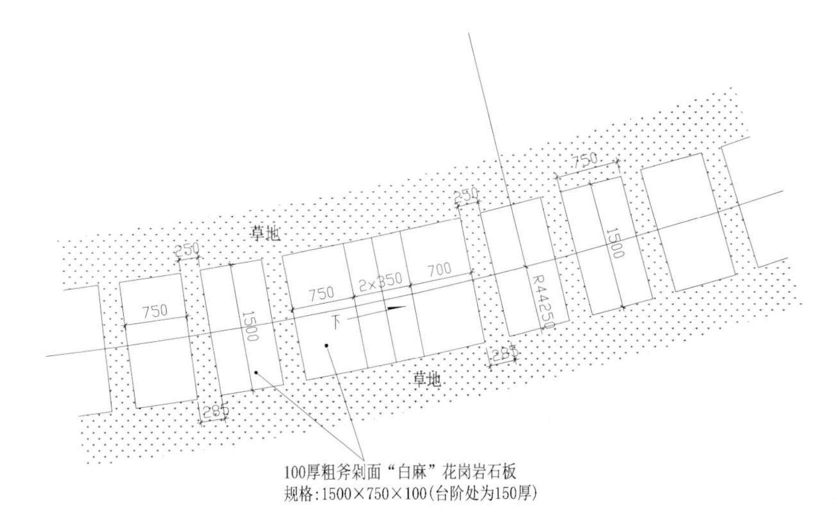

曲线台阶汀步方案平面图

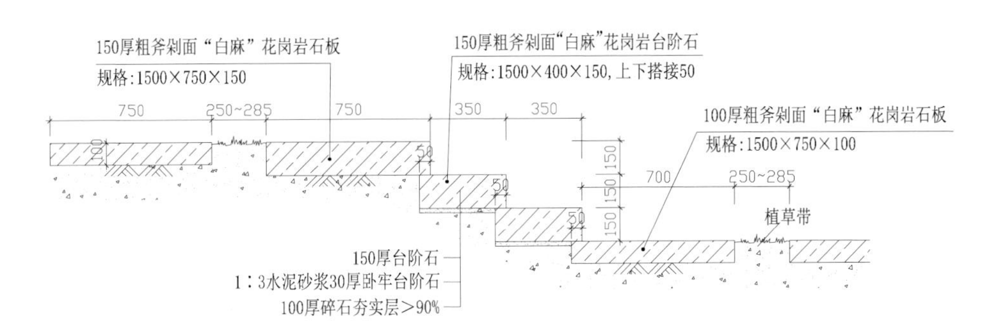

曲线台阶汀步方案剖面图

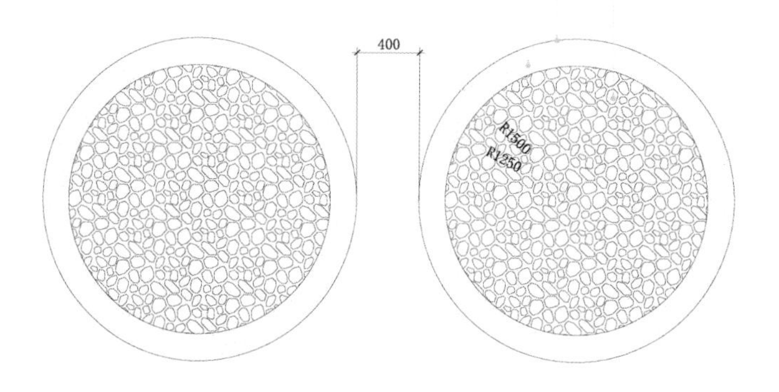

斩假石、鹅卵石汀步平面图

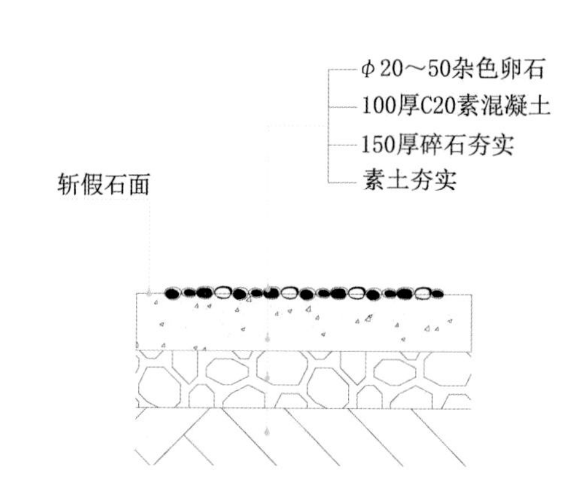

斩假石、鹅卵石汀步剖面大样

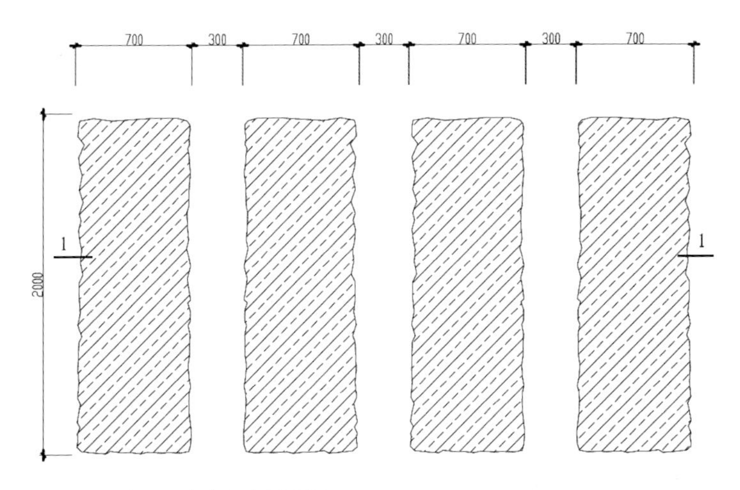

混凝土毛石水中汀步平面图

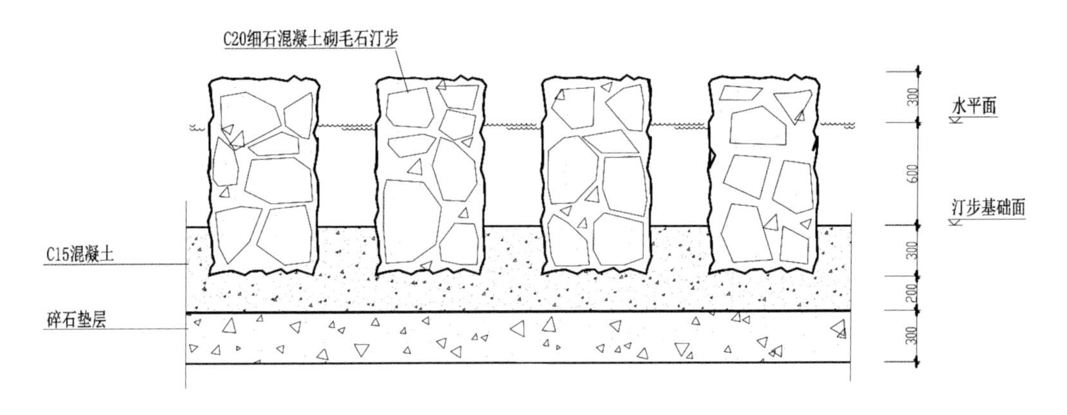

混凝土毛石水中汀步剖面图

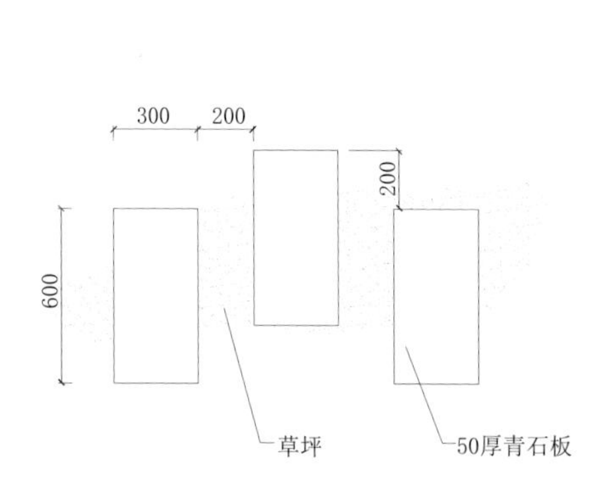

圆形火烧板草坪汀步平面图 1

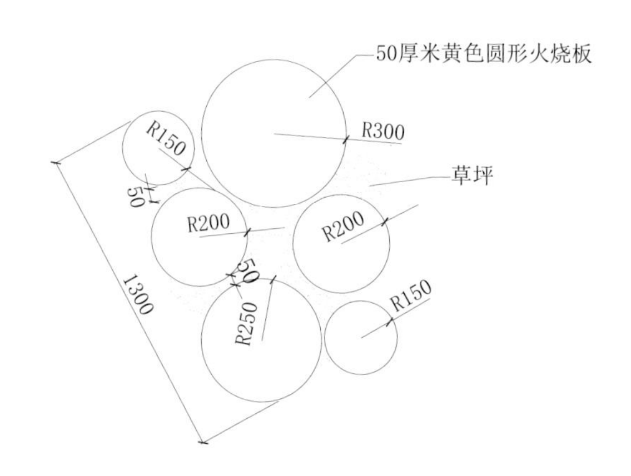

圆形火烧板草坪汀步平面图 2

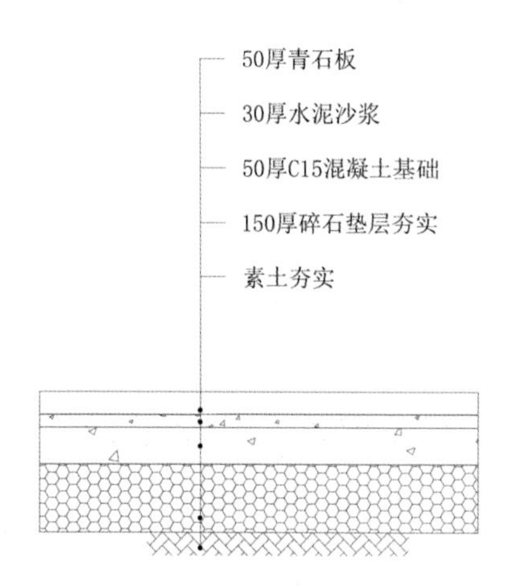

圆形火烧板草坪汀步剖面大样 1

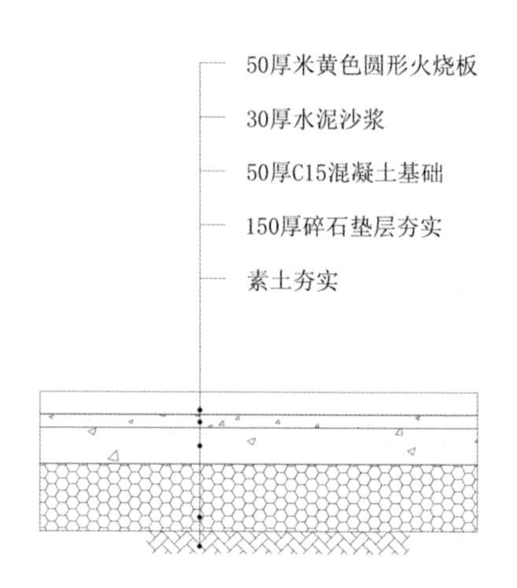

圆形火烧板草坪汀步剖面大样 2

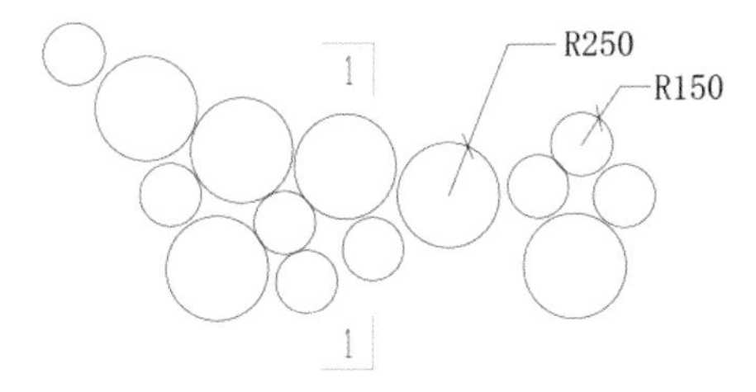

圆形白麻石草坪汀步平面图

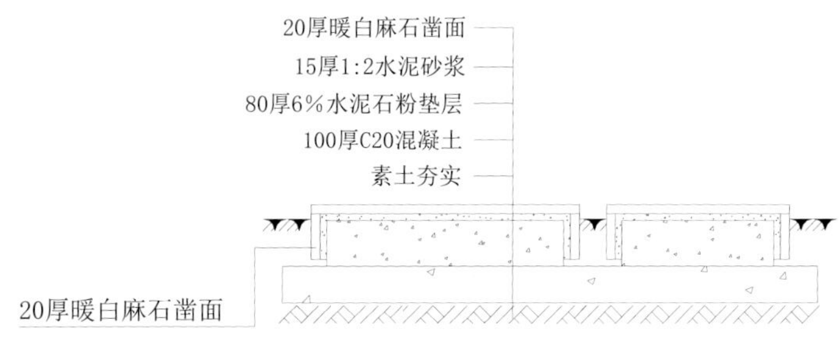

圆形白麻石草坪汀步剖面图

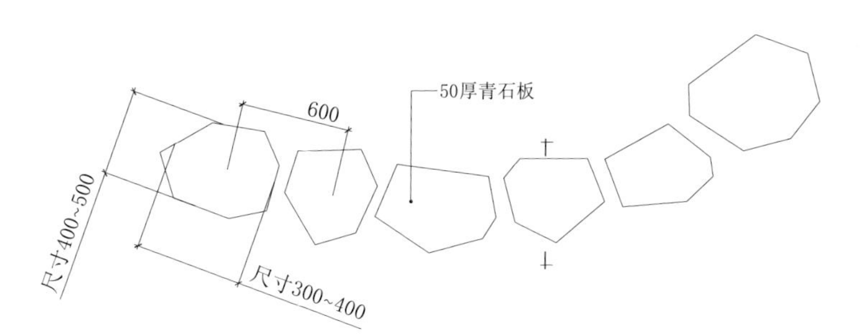

青石板草坪汀步平面图

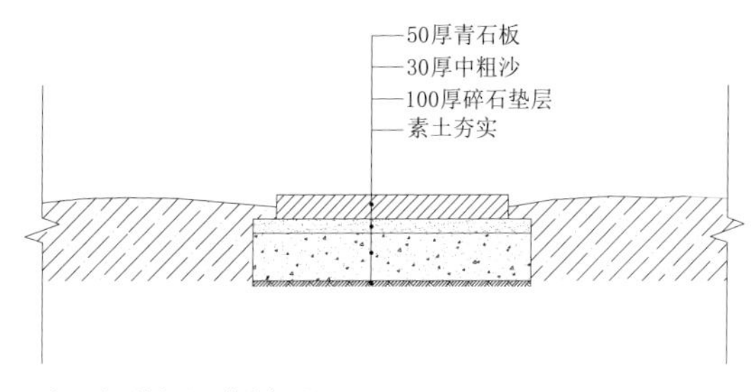

青石板草坪汀步剖面图

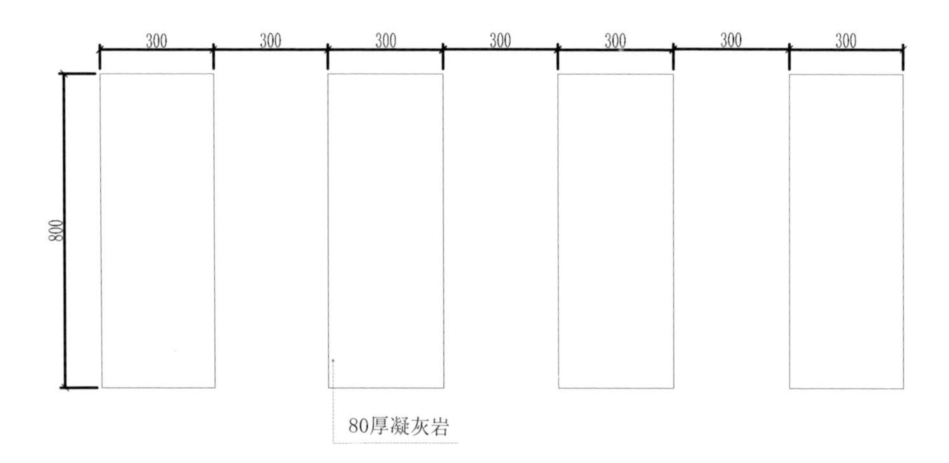

园林道路铺装平面图

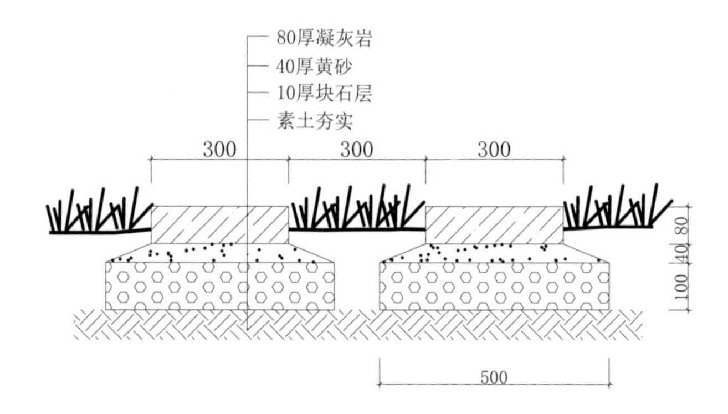

园林道路铺装剖面图

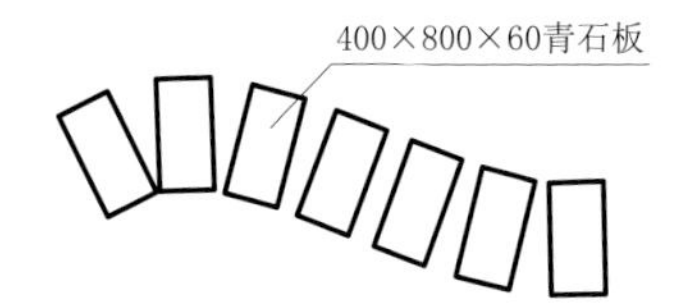

规则形青石板草坪汀步平面图

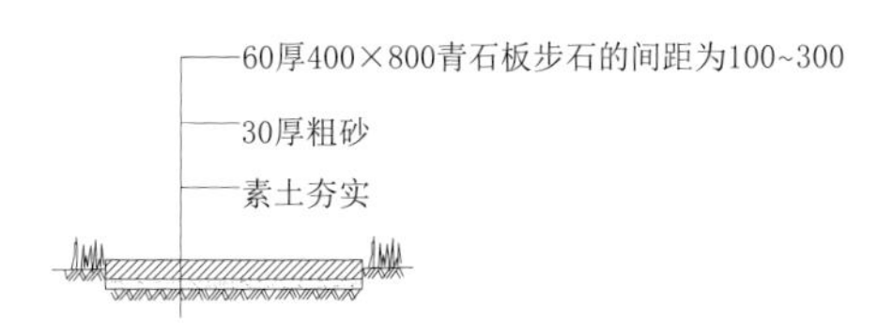

规则形青石板草坪汀步剖面图

自然形青石板草坪汀步平面图

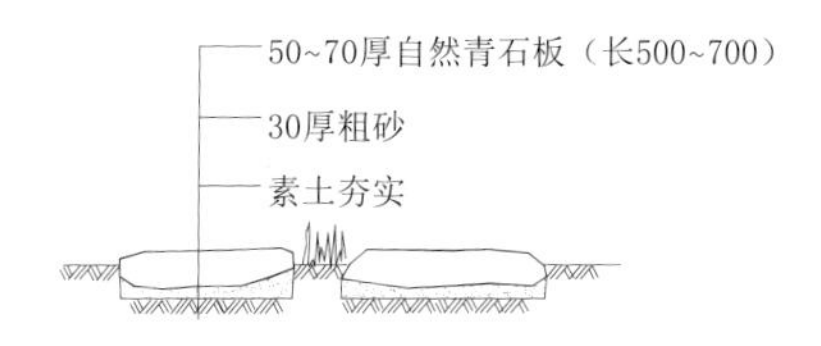

自然形青石板草坪汀步剖面图

2.4 木栈道设计图解

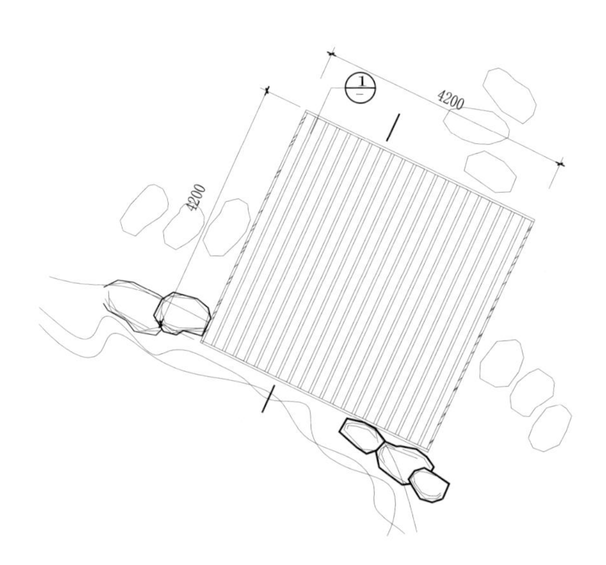

亲水木平台方案平面图 1

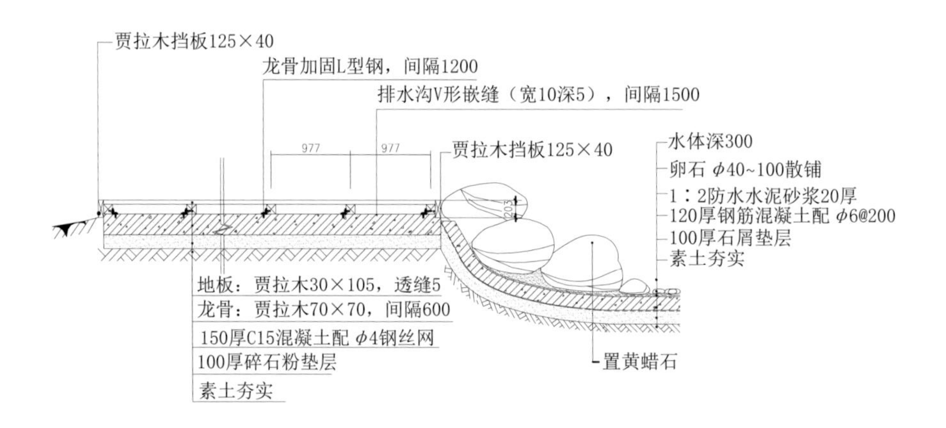

亲水木平台方案剖面图 1

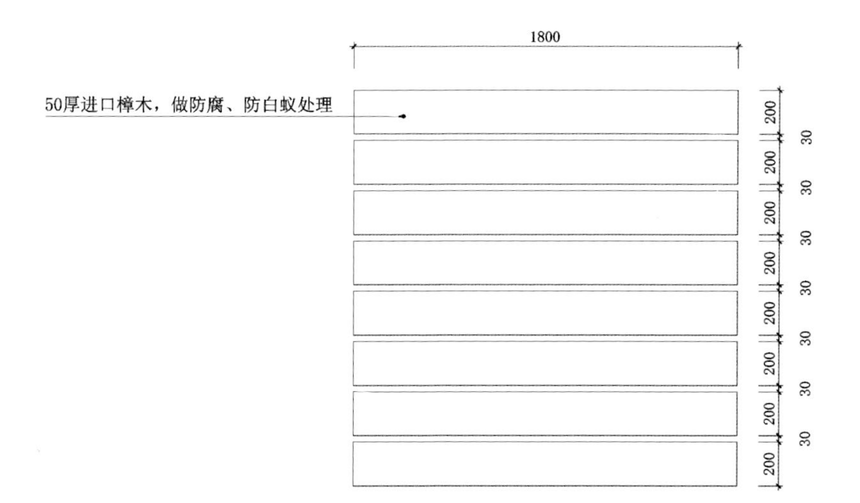

亲水木平台方案平面图 2

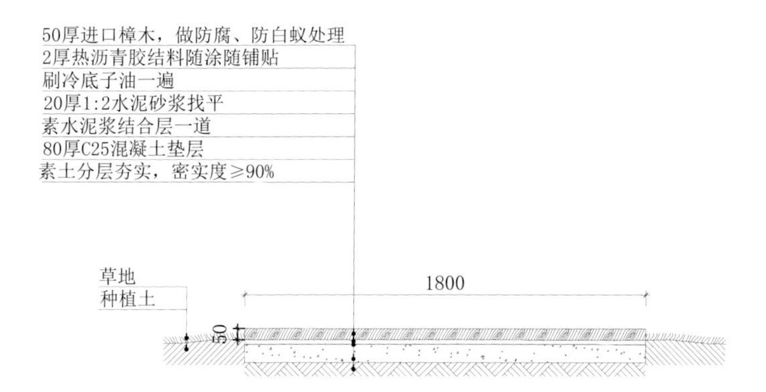

亲水木平台方案剖面图 2

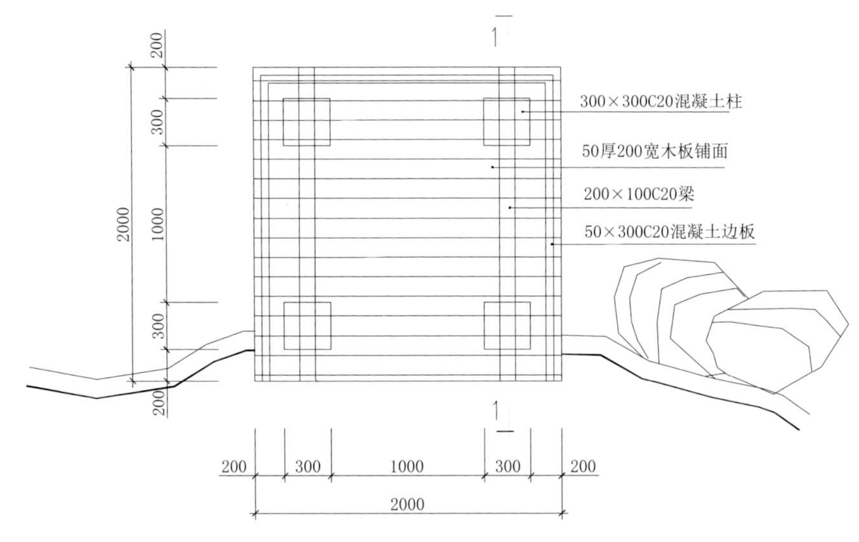

亲水木平台方案平面图 3

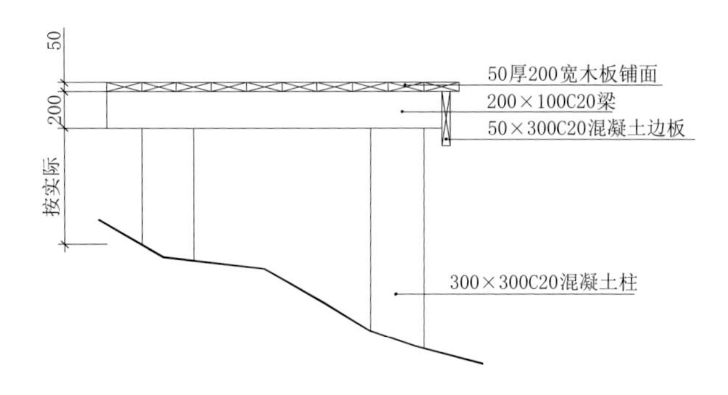

亲水木平台方案剖面图 3

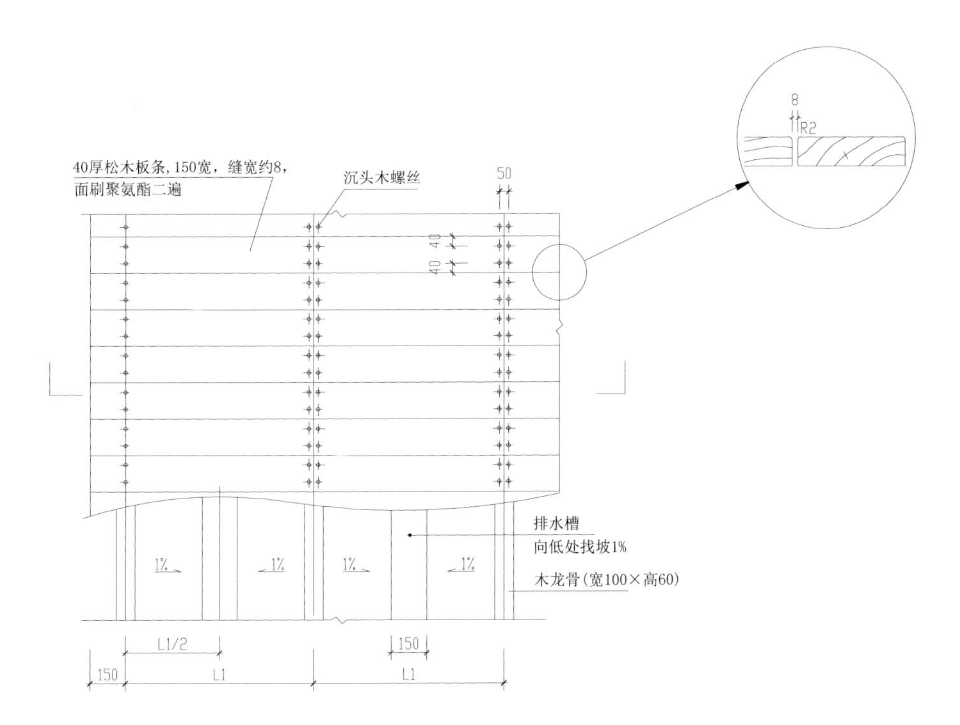

陆地木栈道平面图 1

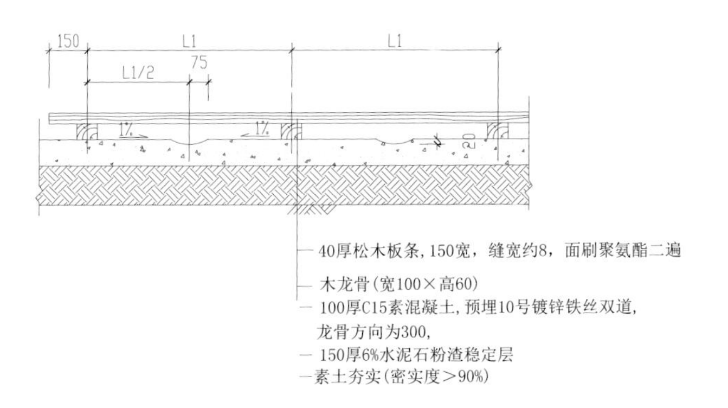

陆地木栈道剖面图 1

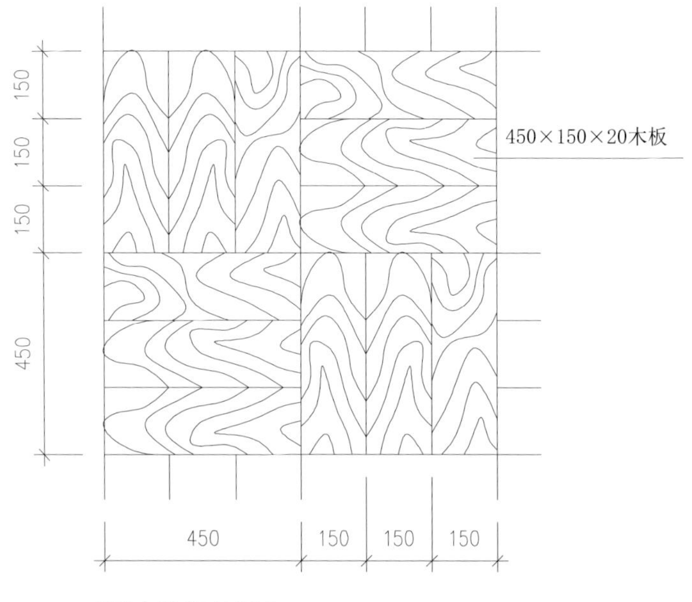

陆地木栈道平面图 2

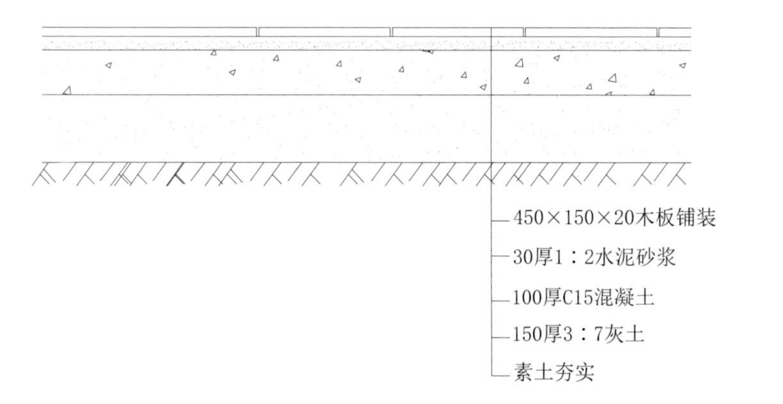

陆地木栈道剖面图 2

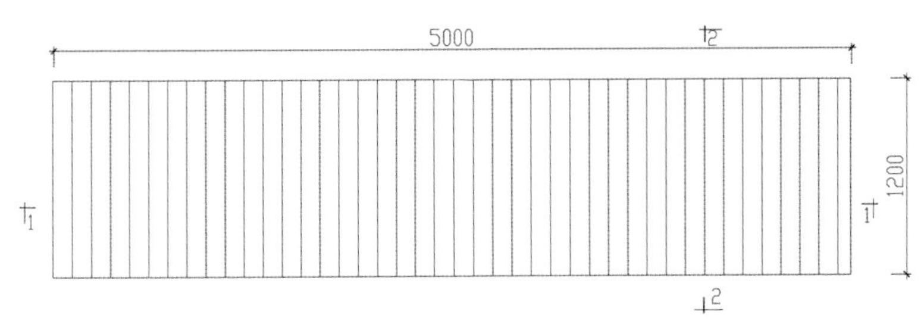

木桥平面图

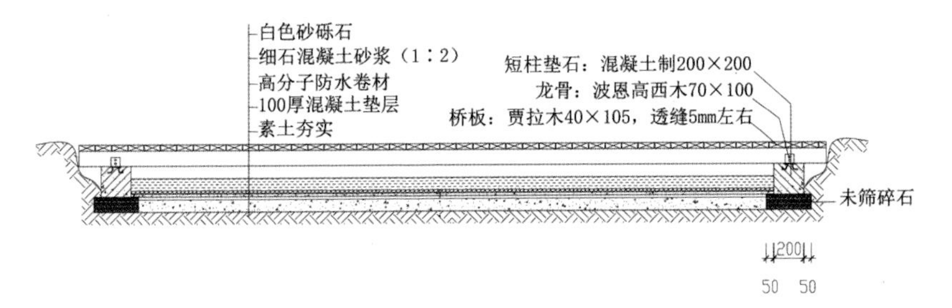

木桥剖面图 1

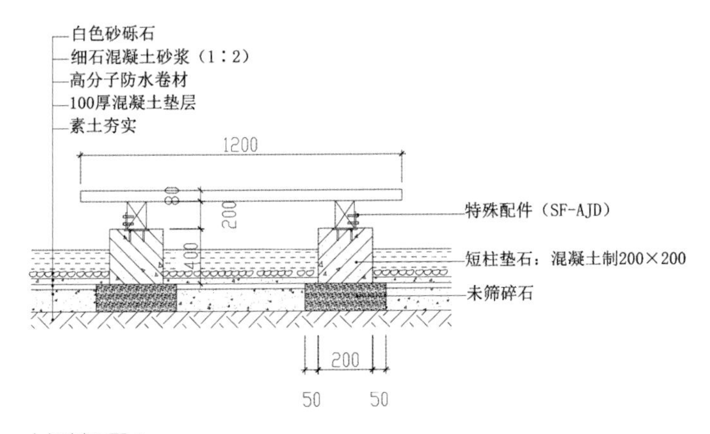

木桥剖面图 2

2.5 坡道、台阶设计图解

2.5.1 坡道

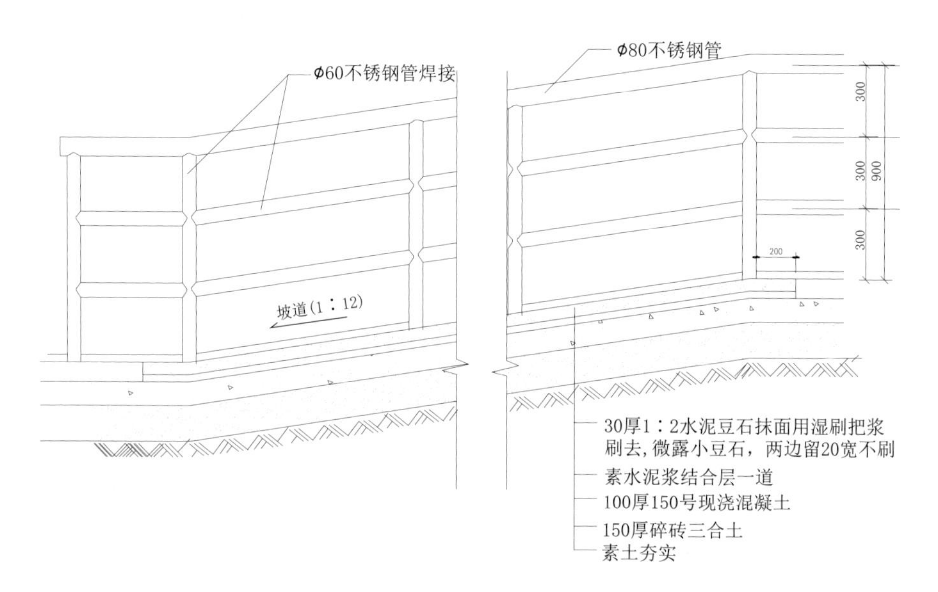

坡道做法 1

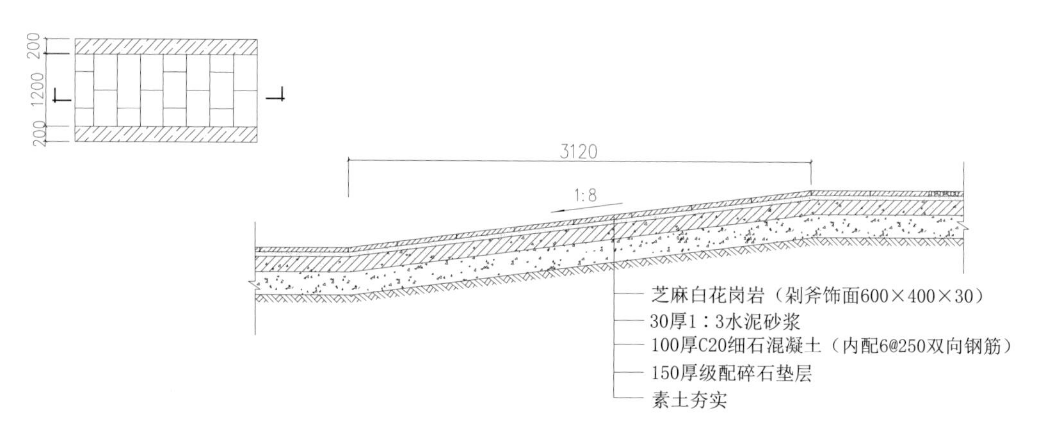

坡道做法 2

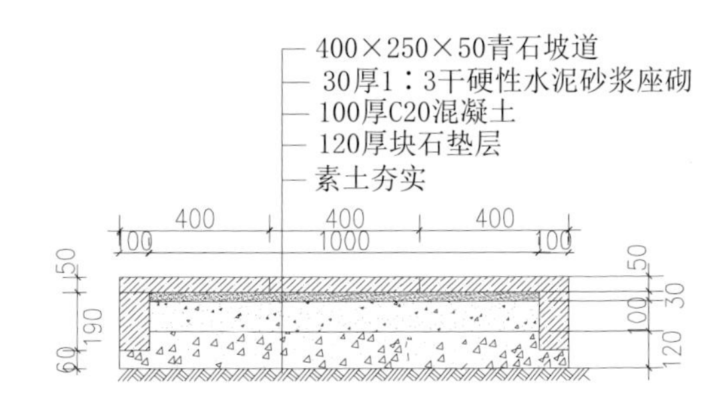

坡道做法剖面 1

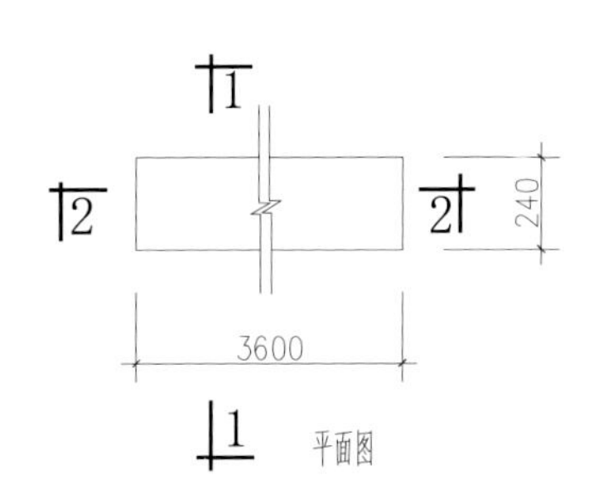

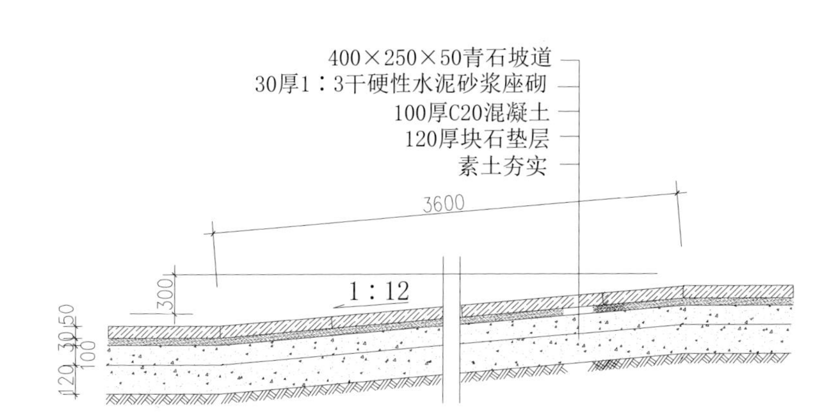

坡道做法剖面 2

2.5.2 台阶

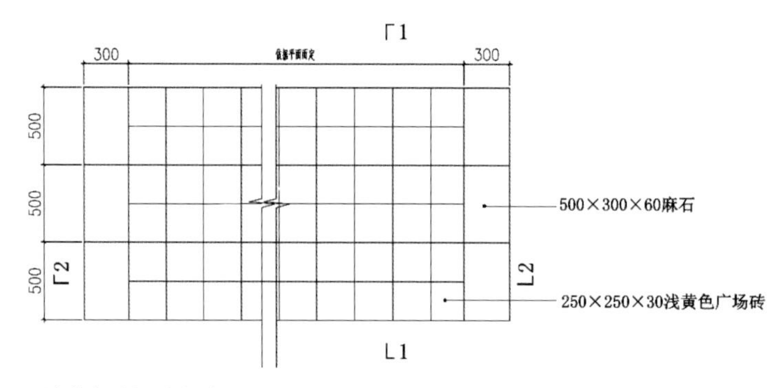

浅黄色广场砖台阶平面图

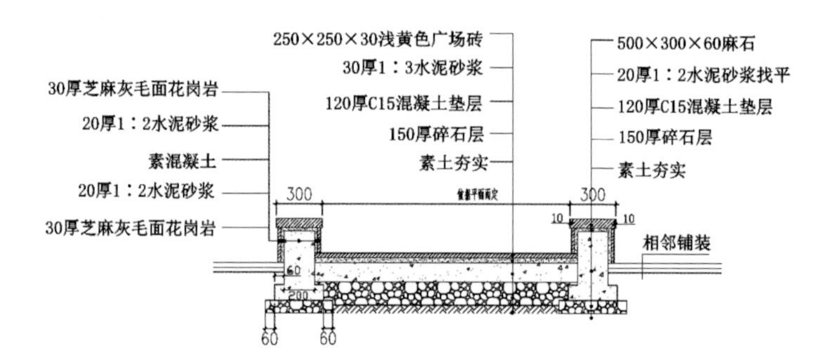

浅黄色广场砖台阶剖面图 1

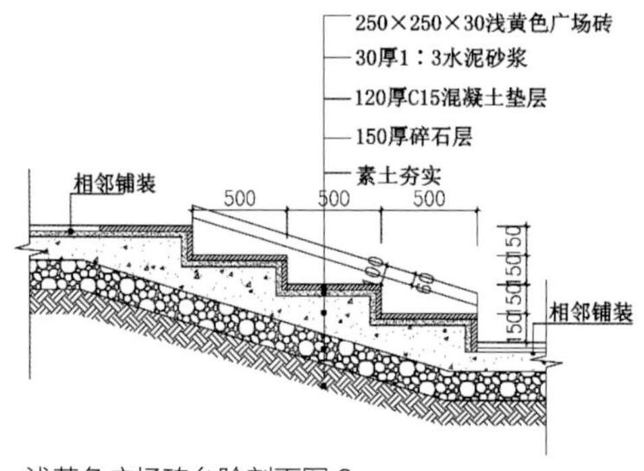

浅黄色广场砖台阶剖面图 2

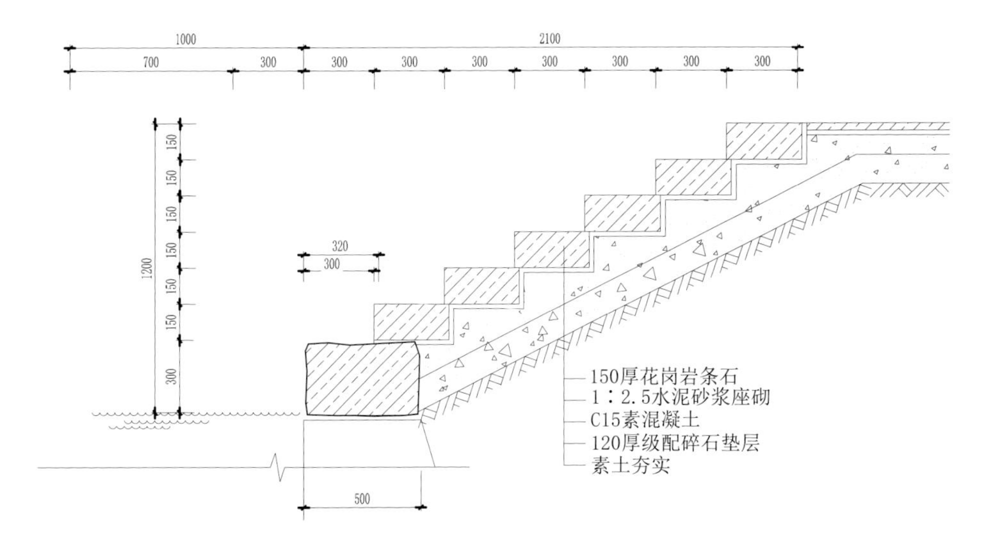

花岗岩条石台阶

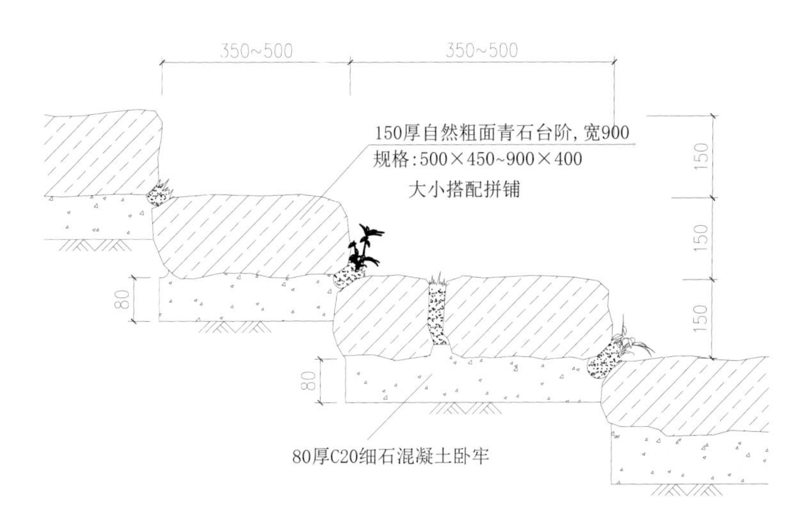

自然粗面青石台阶做法

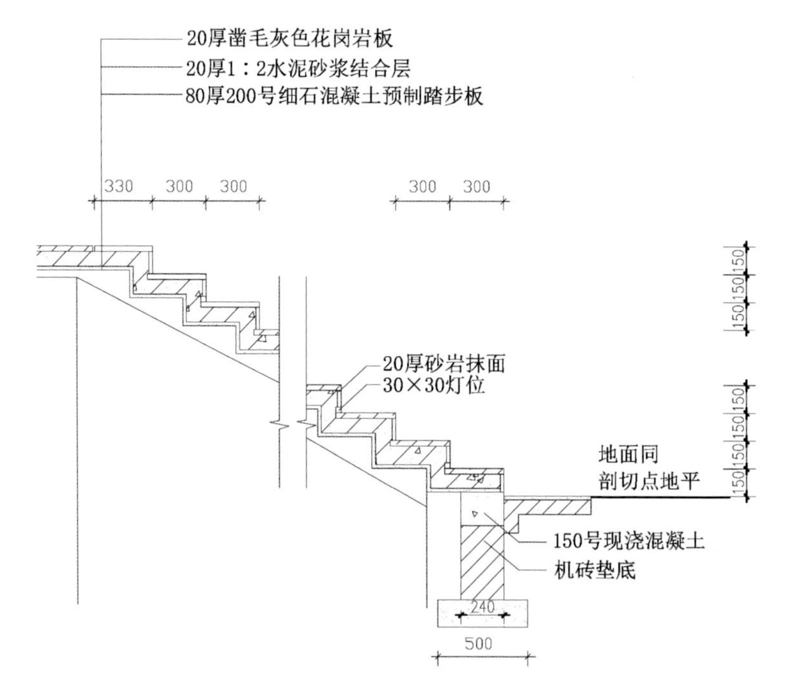

花岗岩带灯位台阶

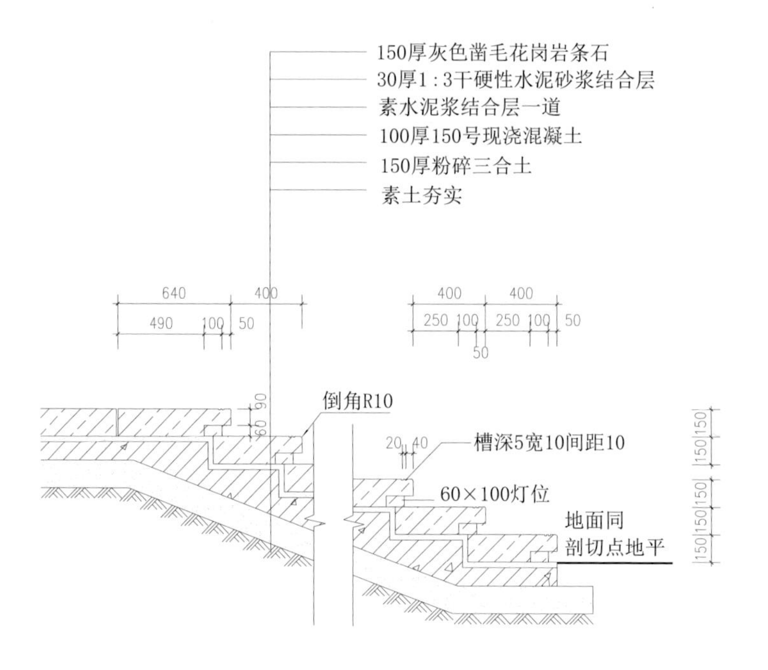

花岗岩带灯槽台阶

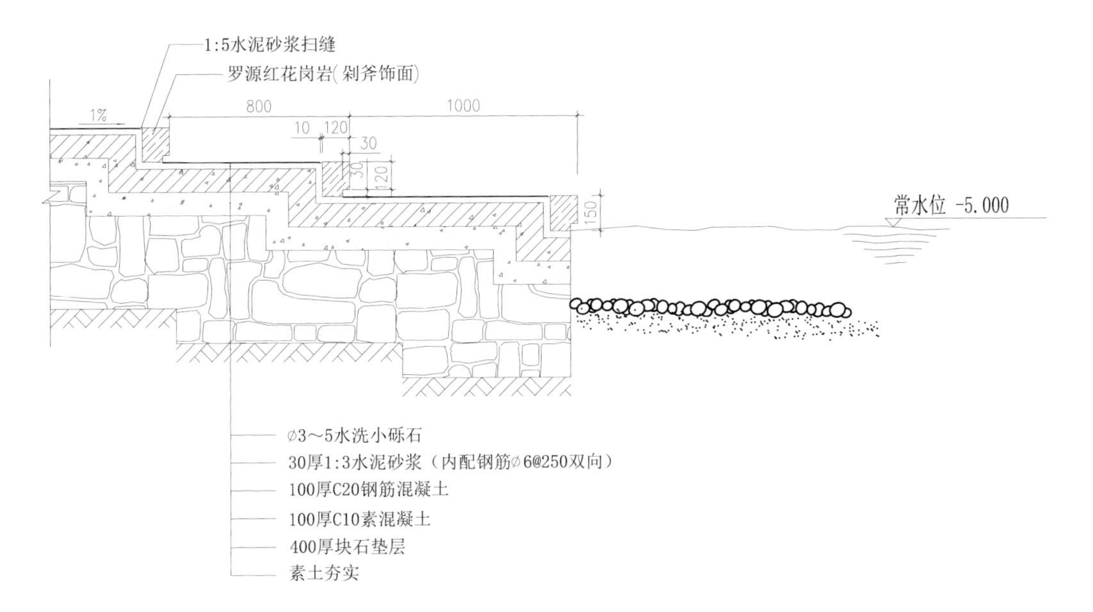

临水水洗小砾石台阶

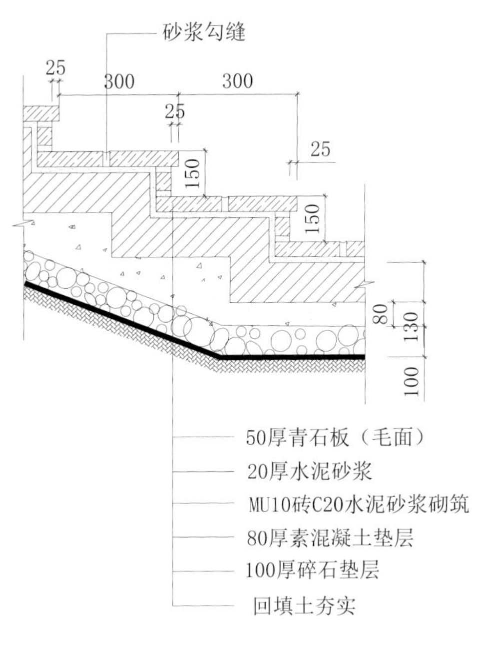

青石台阶做法

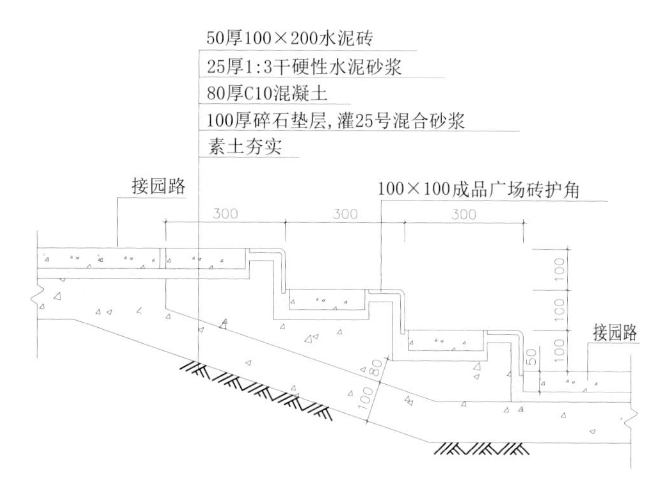

水泥砖台阶做法 1

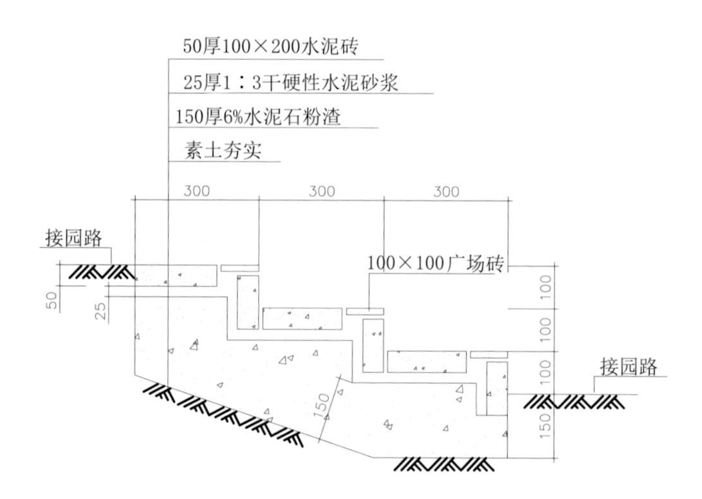

水泥砖台阶做法 2

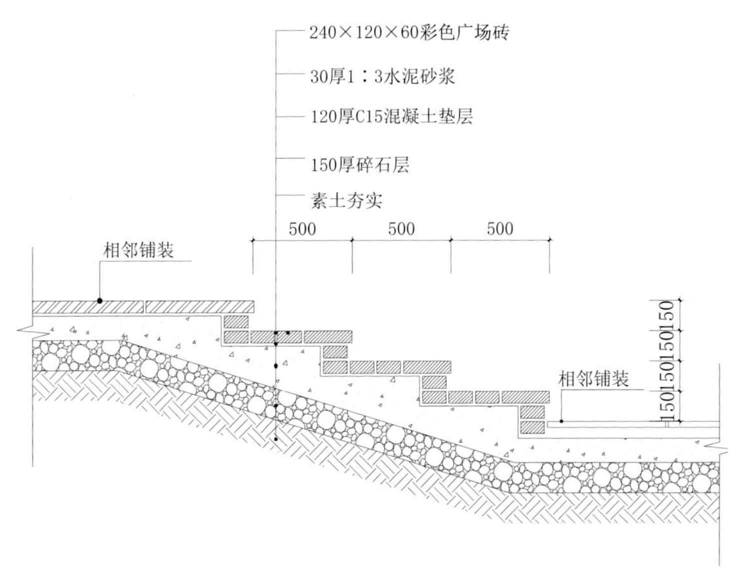

彩色广场砖台阶做法

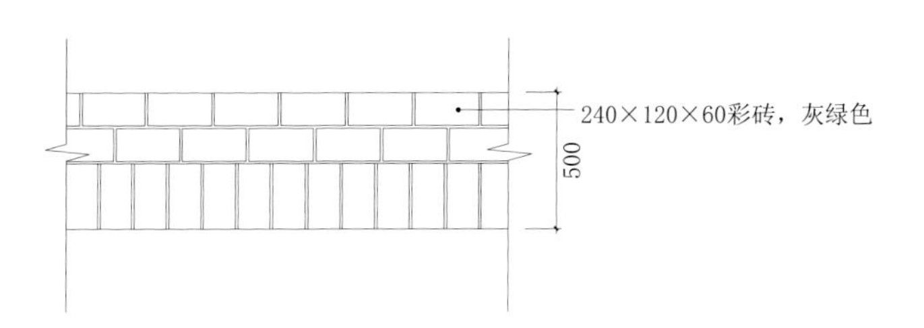

彩色广场砖台阶做法大样

2.6 路缘石设计图解

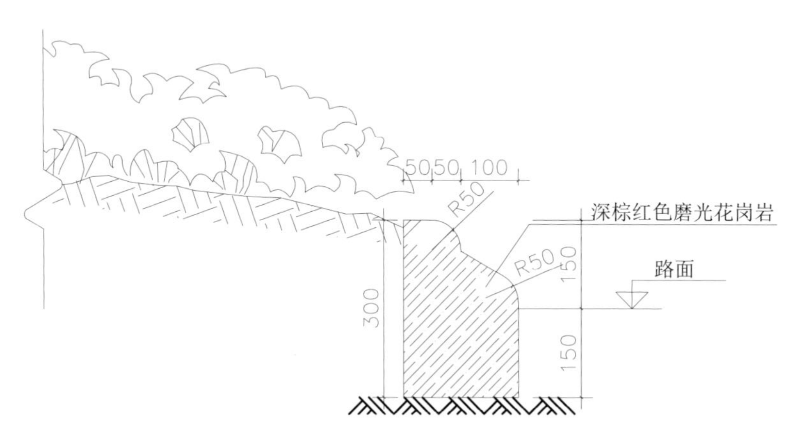

道牙做法 1

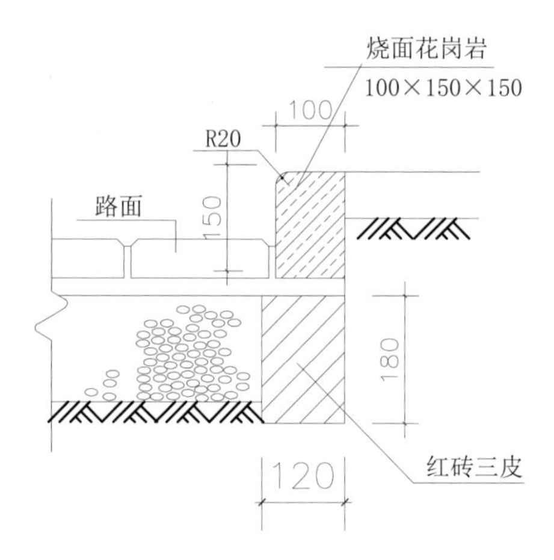

道牙做法 2

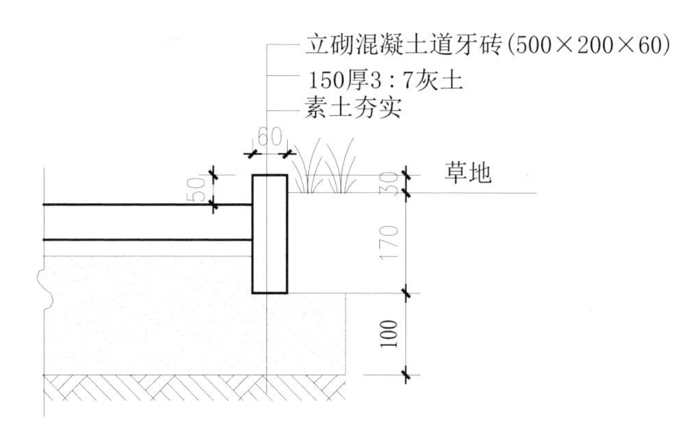

道牙做法 3

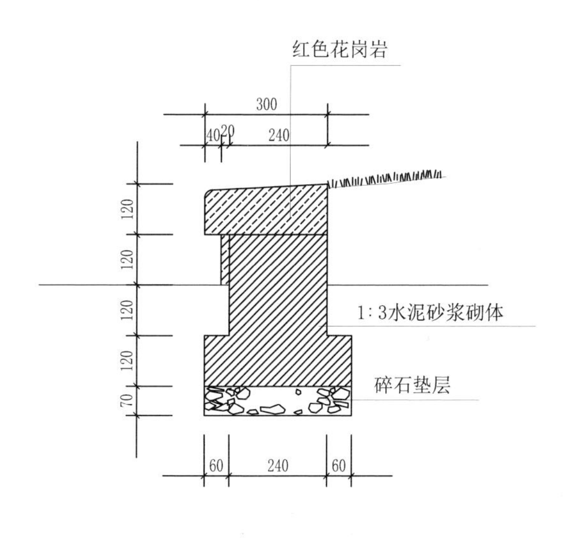

道牙做法 4

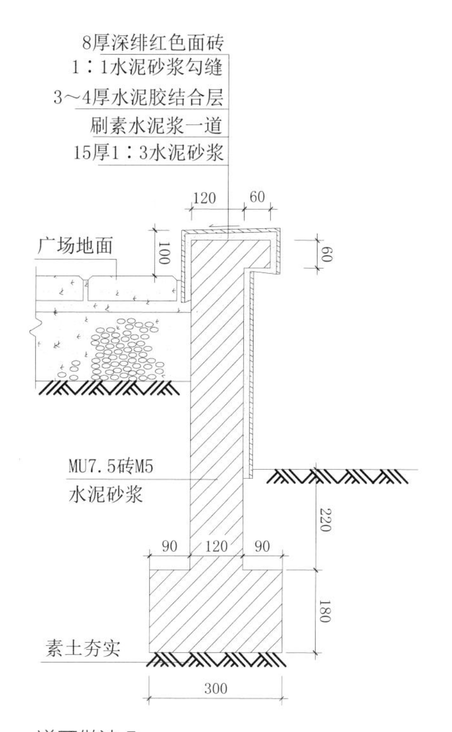

道牙做法 5

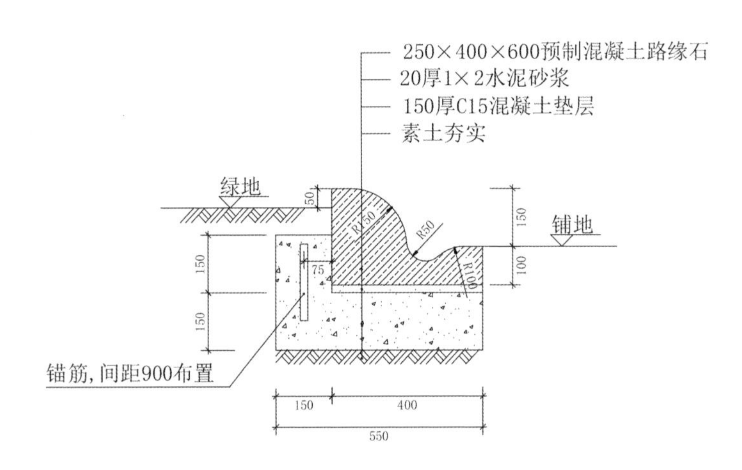

道牙做法 6

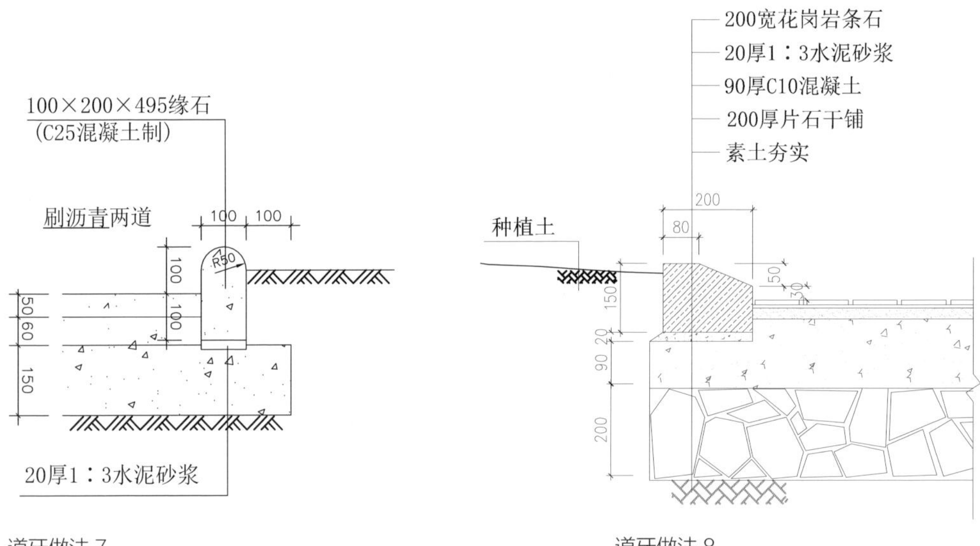

道牙做法 7

道牙做法 8

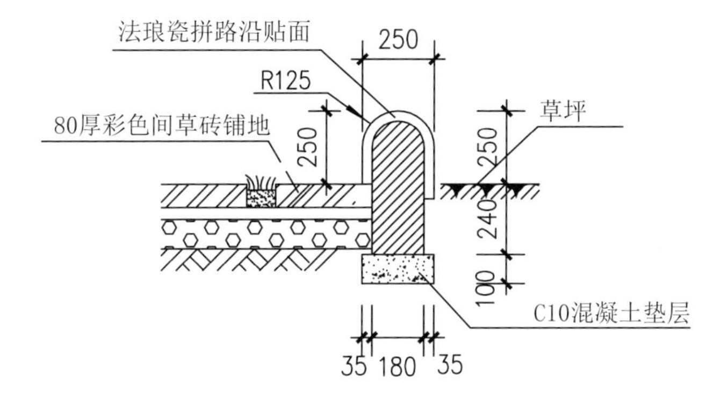

道牙做法 9

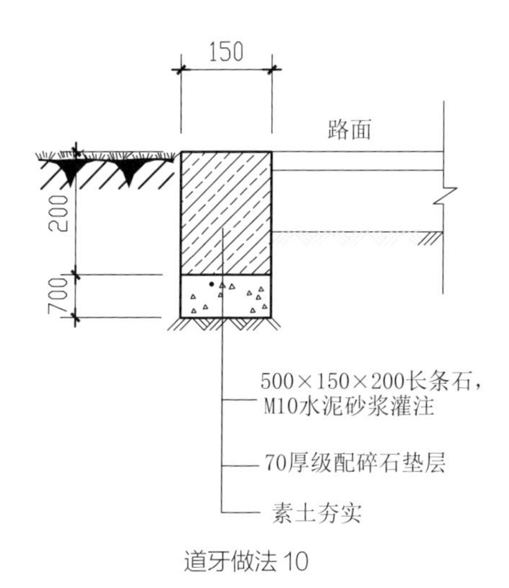

道牙做法 10

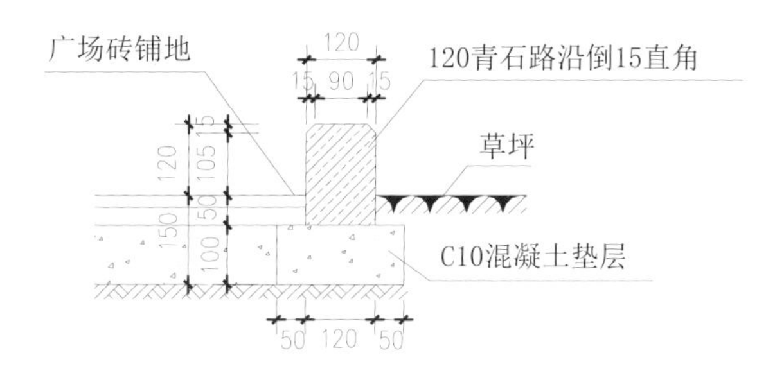

道牙做法 11

2.7 排水明沟设计图解

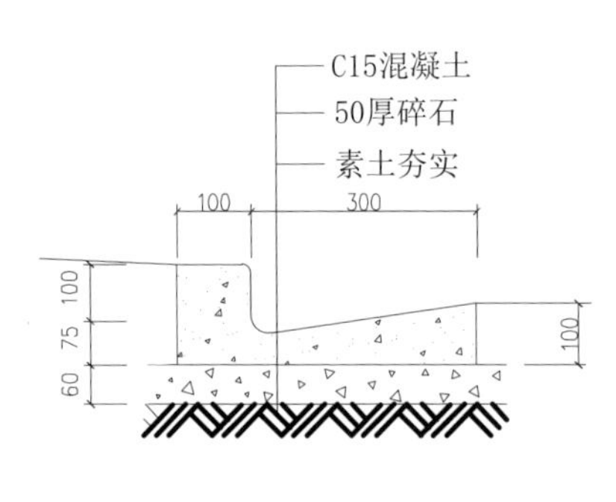

混凝土明沟

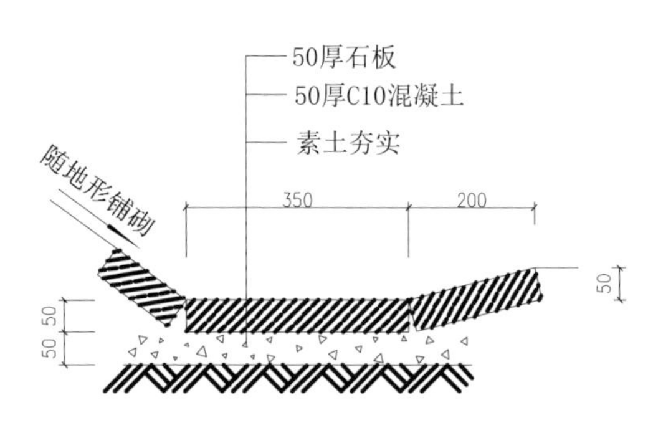

石板明沟

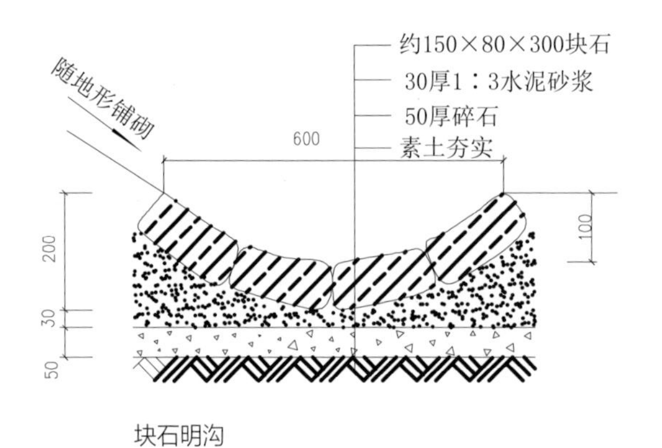

块石明沟

1：2水泥砂浆嵌卵石
50厚碎石
素土夯实
500
120
50
50

卵石明沟

3

园林道路施工

3.1 园林道路施工步骤

3.1.1 图纸会审

图纸会审是施工单位在正式施工之前进行质量把控的第一个步骤。事先充分阅读和理解图纸，早发现问题早解决，才能保证施工的顺利开展，并获得良好的效果。施工单位在领取图纸后，应由项目负责人组织技术、生产、预算、测量、放样及分包方等相关人员对图纸进行审查，将提出的图纸问题及意见按专业整理、汇总，提交业主及设计单位，做交底准备。

业主应组织设计、监理和施工单位相关技术负责人参加图纸会审。设计单位对各专业问题进行交底，施工单位负责将技术交底内容、按专业整理、汇总，形成图纸会审记录，各方负责人签字确认。

图纸会审

图纸会审的重点内容有以下几方面：

（1）保证施工图的有效性及对施工条件的适应性，保证各专业施工图、详图与施工总图的协调一致性。

（2）确定施工总图的放线坐标是否正确，是否能合理指导放线；设计标高是否可行；地基与基础的设计与实际情况是否相符，结构性能如何，地下基础、构筑物及管线之间有无矛盾。

（3）核实设计图纸是否齐全，是否符合国家相关规范的规定，详图图纸（局部平面图、立面图、剖面图、结构图、节点大样图等）与总图尺寸是否相符，分尺寸与总尺寸，大、小样图，土建（施工图）与结构图等尺寸是否一致；设计空间有无矛盾，预留孔洞、预埋件、各类连接件、标准配件等的尺寸、标号有无错误。

（4）采用新技术、新材料时，确定施工单位是否能满足要求。确定特殊材料的品种、规格、数量及专用机械设备能否保证。

（5）确定专业的设备、结构件、电缆及设备基础等是否与设备图、水电图等一致；管道口相对位置、接管规格、材质、坐标、标高是否与设计图纸一致，技术要求是否切实可行。

3.1.2 现场踏勘

施工前，应组织主要施工人员进行现场踏勘，了解地上、地下作业面的现状情况。

现场踏勘，了解现状

现场踏勘的主要任务包括了解以下几方面内容：

（1）了解土质。确定工程区域特别是绿化种植区域的土壤是否需要换土、进行土壤改良，估计换土量；确定基础是否需要特殊加固，必要时需进行专业检测。

（2）了解场地地形。确定场地是否平整，预估其坡度可能造成的影响；确定现状标高与设计标高。

（3）了解交通状况。确定交通情况是否方便运输作业车进出。

（4）了解水源情况。确定现场给水点、水源、水质、给水压力等。

（5）了解电源情况。确定接电处、电压及负荷能力。

（6）了解地下管网、构筑物。确定在施工中需要保护的现状设施、构筑物等。

（7）了解安全文明施工和其他施工相关的设施。工地生活、办公设施，堆放材料的临时用地，安全围挡设施等需要根据现场的实际情况进行合理布置，并公示施工现场平面布置图。

3.1.3 施工测量放线

根据图纸比例，将道路中线和路缘石边线以及其他构筑物放到地面上，每 15 ~ 50 米放一中心桩，在弯道的曲线上应在曲头、曲中和曲尾各放一中心桩，并在各中心桩上写明桩号，再以中心桩为准，根据路面宽度定边桩，最后放出路面的平曲线。在施工过程中必须有专业测量人员进行复测，复测内容包括基准点复测、自然地形放线的复测、高程控制点复测以及地下管线复测。

园林道路施工放线

1. 基准点的复测

工程开工前，建设单位或设计单位应在有监理工程师在场的情况下向施工单位进行现场交桩，提供基准点详细资料。施工单位接到交桩资料后，应对基准点进行复测，书面上报监理工程师审批。待监理工程师批复后，对基准点进行复核，以确保基准点准确无误。基准点作为施工单位测量定线的依据，应在施工期间妥善保护。

2. 自然地形放线的复测

应注意园林道路的挖方工程和填方工程的边界线是否与设计相吻合，等高线与方格网交叉点桩的数量和高度是否满足要求，滨水道路涉及的岸形和岸线的定点放线是否准确，是否能保持自然放坡的稳定。

滨水道路涉及的岸线和岸形的自然与稳定

3. 高程控制点复测

应注意高程控制网是否能满足设计和施工的要求，相对标高参照点的引测质量是否符合设计要求，引测点的位置是否便于监控、牢固稳定。高程引测的闭合误差值应符合设计要求。

4. 地下管线复测

包括道路路面下及道路附近的给排水管网、电路的定位测量，对管线交会点的高程检测。

3.1.4 技术交底

园林道路工程开工前，应针对各项施工内容进行技术交底，由项目技术负责人主持，主要施工人员及监理代表等参与。交底包括设计图纸要求、工艺做法、施工方案，施工中应注意的关键部位，新技术、新材料、新设备的操作规程和技术规定，进度要求、工序搭接、施工分工等情况，相关工程质量标准和安全技术措施。在中小型绿地中，园林道路施工一般是与其他工程同时进行，交底工作也与其他工程打包进行。

技术交底

3.1.5 准备路槽

做好充分的前期准备后，就可以进行道路的现场施工了。园林道路施工的第一步是准备路槽，按设计路面的宽度，每侧放出 20 厘米挖槽，路槽的深度应比路面的厚度小 3 ~ 10 厘米，具体以基土情况而定，清除杂物及槽底整平，可自路中心线向路基两边做 2% ~ 4% 的横坡。

3.1.6 施工面清理及夯实

铺筑园林道路前，需要对施工面进行清理，清理掉较大的石块及其他垃圾，保证原生土壤或回填素土的颗粒细腻。同时，为了避免施工过程中路面不平和使用过程中路面沉降，需要对路面进行素土夯实。过去，大都采用夯机进行夯实，现都在操作环境允许的情况下，采用压机进行压实。

3.1.7 铺筑基层

灰土基层实厚一般为 15 厘米，一些特殊土壤情况其摊铺厚度可控制在 21 ~ 24 厘米。灰土摊铺完成后开始碾压。

基层施工前，应完成与基层有关的电气管线、给排水管线及预埋件等设备的安装施工，基层的两侧应比面层宽。基层的摊铺长度应尽量延长，以减少接茬。不同类型的基层材料施工方式及应注意的问题也不同。

1. 干结碎石

干结碎石基层是指在施工过程中不洒水或少洒水，依靠充分压实及用嵌缝料充分嵌挤，使石料间紧密锁结构成的具有一定强度的结构，一般厚度为 8 ～ 16 厘米，适用于园林道路中的主路。

2. 天然级配砂石

天然级配砂石是用天然的低塑性砂料，经摊铺成型并适当洒水碾压后形成的具有一定密实度和强度的基层结构。天然级配砂石的一般厚度为 10 ～ 20 厘米，若厚度超过 20 厘米应分层铺筑。适用于园林中各级路面，尤其是有荷载要求的嵌草路面，如草坪停车场等。

3. 石灰土

在粉碎的土中，掺入适量的石灰，按着一定的技术要求，把土、灰、水三者拌和均匀，并压实成型的路基结构称为石灰土基层。石灰土力学强度高，有较好的整体性、水稳性和抗冻性，它的后期强度也高，适用于各种路面的基层和垫层。

为达到要求的压实度，石灰土基一般应用不小于 12 吨的压路机或其他压实工具进行碾压。每层的压实厚度最小不应小于 8 厘米，最大也不应大于 20 厘米。如超过 20 厘米，应分层铺设。

4. 煤渣石灰土

煤渣石灰土也称二渣土，是以煤渣、石灰（或电石渣、石灰下脚）和土三种材料，在一定的配比下，经拌和压实而成，强度较高。

煤渣石灰土具石灰土的全部优点，同时还因为它有粗粒料做骨架，所以强度、稳定性和耐磨性均比石灰土好。另外，它的早期强度高还有利于雨季施工，降低了施工对环境的要求。煤渣石灰土对材料要求不严，允许范围较大。一般压实厚度应不小于 10 厘米，但也不宜超过 20 厘米，大于 20 厘米时应分层铺筑。

5. 二灰土

二灰土是以石灰、粉煤灰与土按一定的配比混合，加水拌匀碾压而成的一种基层结构。它具有比石灰土还高的强度，有一定的板体性和较好的水稳性。二灰土对材料要求不高，一般石灰下脚料和就地土都可利用，在产粉煤灰的地区均有推广的价值。这种结构施工简便，既可以机械化施工，又可以人工施工。

6. 混凝土

铺筑混凝土时，其下层的表层应湿润且无积水。其厚度应符合设计要求，并应符合国家和地方标准。混凝土基层所用粗骨料的最大粒径不应大于基层厚度的 2/3，含泥量不应大于 2%；砂应为中砂，含泥量不应大于 3%。混凝土基层的强度应符合设计要求，且不低于 C15（混凝土的抗压强度标准值为 15 牛顿 / 平方毫米）。大面积混凝土基层铺设时，道路每延长 6 米，广场每间隔 6 ～ 8 米应设置伸缩缝，伸缩缝应垂直，缝内不得有杂物。

3.1.8 铺筑结合层

面层和基层之间，铺筑结合层。结合层是基层的找平层，也是面层的黏结层。摊铺宽度应大于铺装面 5 ~ 10 厘米，拌好的砂浆当日用完。

3.1.9 铺筑面层

结合层铺筑完成后，应开始园林道路的面层铺设，详见 3.2 节。

3.2 不同面层园林道路铺装

3.2.1 石材、砖材园林道路铺设

1. 材料控制

面层铺设前，需要对面层材料进行选择控制，主要步骤如下：

（1）选材：从源头上对材料进行筛选，同种材料选购同一批次，避免产生色差等问题。

（2）定样：将材料样板提前送交监理方、设计方、建设方共同确认，并封样备查。

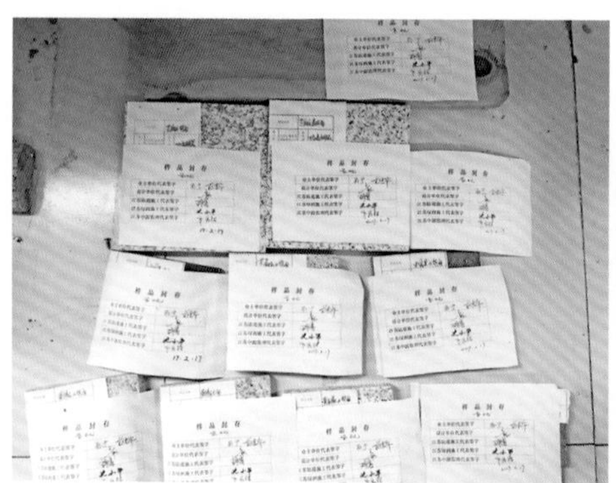

材料提前送样并封样备查

（3）加工：由石材加工人员在石材切割前进行质量控制。切割工人对工程板进行再次筛选，挑选品质好、色差小的毛板进行加工。

（4）运输：由供货商对存放、装卸过程进行运输过程控制。此过程中需避免不同色度的石材混杂在一起被搬运到施工现场。

（5）铺贴：由铺装工人在现场施工时进行铺贴质量控制，分拣掉质量低、色差大的材料，最大限度地控制材料的色差，保证铺装的品质。

2. 面材的预排、试铺

所有大面积的铺装类型以及特殊铺装类型（如圆形铺装节点等）必须做施工样板，以控制对缝、排板、平整度等细节，同时作为交付标准。陶土砖、植草砖、花岗岩样板面积不少于 2 平方米；路缘石、平石长度不少于 5 米；异形石材压顶长度不少于 1 米。

预排样板经确认后，需保留至该标段工程竣工，以便所有进场的施工班组都能直观地了解工艺要求。

预排试铺也是控制色差的有效手段，可在预排过程中将色差较大的面材剔除。

3. 铺设原则

（1）材料铺设方式

石材铺装中只允许出现整板或者半板，严禁出现小板、碎板，立面石材需结合平面进行排板。收边板尺寸与大面铺装尺寸有对应关系，转角处及收边板不得出现小板，中间段收边板需等分。曲线路缘石若必须异形加工，则应符合对缝、错缝要求。

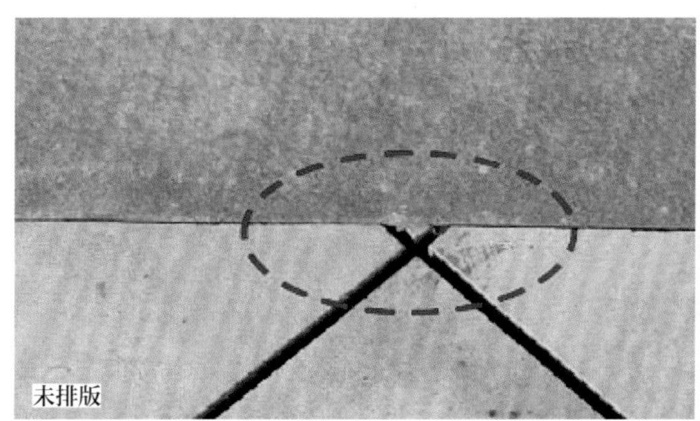

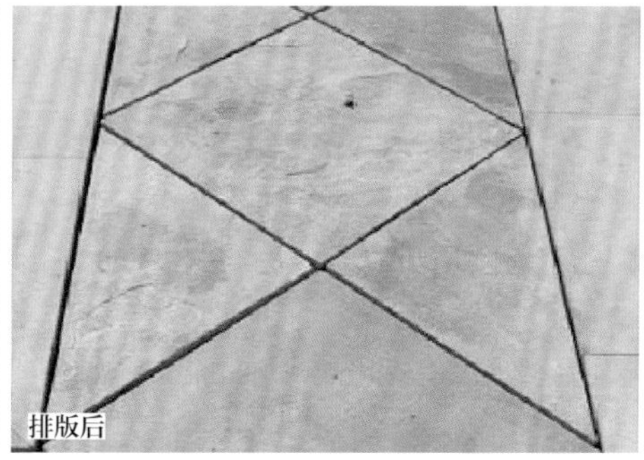

石材铺设方式

转角位置铺设

曲线园林道路铺设

（2）平整度控制

相邻石块接缝高低差要求不大于 1 毫米，1 米控制尺测平整度误差控制要求不大于 2 毫米。敲击时应使用橡皮锤，尽量避免使用铁锤直接敲击，防止石材破损。

平整度控制，禁止用铁锤直接敲击

（3）直线控制

同一区域石材铺装线条必须挺直；相邻区域石材有排板对缝关系的，留缝必须在同一直线上，不得错位。

铺装铺排要保证线条挺直

有对缝关系的，留缝必须在同一直线上

（4）缝宽控制

同一区域同一铺装类型，缝宽误差控制要求不大于 2 毫米。需特别注意路缘石、压顶石等大尺寸石材的缝宽误差控制。仅靠拉线无法有效控制缝宽误差，需借助专用工具。

缝宽控制

（5）勾缝控制

必须使用专用勾缝工具进行操作。勾缝深度必须统一，勾缝剂面层需光滑、无起砂，勾缝后需立即擦净石材，避免多余砂浆凝固。一般采用半干砂浆填压密实、奶油袋挤灌砂浆填缝工艺。填缝必须饱满，不得有空腔。石材较厚、缝宽较小的，需多次填缝。

擦净污染砂浆，填缝、勾缝饱满

4. 广场拼花、冰裂纹的铺设

地面拼花的施工放线应符合设计要求，石材颜色对比明显、无色差，卵石外形和粒径统一。图案应衔接平顺，拼缝细致均匀。拼花和基层黏结应牢固，无空鼓，表面平整，不出现坑洼积水。

图案衔接平顺，拼缝细致均匀，衔接顺畅

冰裂纹石材一般不应出现三角形，大小应均匀自然，色差控制在允许范围内。裂缝应均匀，勾缝细密平直，砂浆饱满，角对缝、缝对角。超过 3 厘米厚的石材不宜进行冰裂纹铺装。有自行车通过或有行人频繁行走的场地不宜大面积采用冰裂纹铺装。

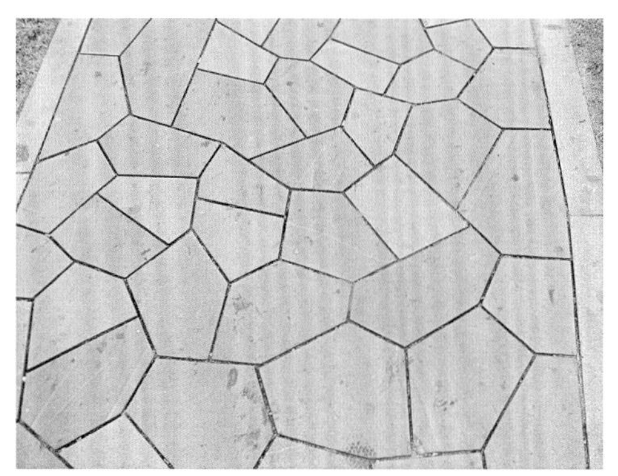

冰裂纹铺装

在利用地面自然排水时可以加宽冰裂纹铺装接缝，接缝一般控制在 2 厘米以内，缝深小于 1 厘米，有利于排水。

利用冰裂纹铺装接缝排水

3.2.2 木栈道施工要求

（1）木栈道的基础应采用 C25 以上的混凝土浇筑或毛石砌筑，基础大于 25 延长米的应设置变形缝。混凝土基槽底每隔 4 米打一样桩，用样桩控制基础面的平整。毛石基础砌筑过程中要注意选用较大、较平整的石块为外露面和坡顶、边口，石块使用时应洒水湿润，尤其下层砌及角隅石不能偏小，砂浆要饱满，石缝以砂浆和小碎石充填，毛石不能竖立使用，石料挤浆要符合要求。

在一些特殊环境，如水面或大面积架空栈道，需要敷设钢筋混凝土梁柱，具体施工要求根据环境进行设计。

（2）梁、柱、基础强度达到设计要求，基础周围回填夯实完毕后，按图纸要求在梁、柱或基础的对应位置上找到预埋金属膨胀螺栓。然后将龙骨按照图纸要求安装于金属膨胀螺栓上。用于固定木铺装面层的螺钉、螺栓应进行防锈蚀处理，其规格应符合设计要求，安装应紧固、无松动，钉眼或接缝要顺直、平整，螺钉、螺栓顶部不得高出木铺装面层的表面。木板安装时，板面上应先钻半孔深，后拧入螺钉与板面齐平，严禁用无螺纹钉直接钉入木板，以防木材开裂。木地板留缝间距在 5 ~ 8 毫米为宜，龙骨布置间距不应大于 0.8 米。

钉眼或接缝要顺直、平整

（3）木平台转角处或异型平台若需进行放射状铺设，应将木板条双侧均衡切割，保持缝隙均匀分布。

接缝排列规整，连续顺畅，切角平整对缝

3.2.3 透水混凝土园林道路

透水混凝土施工应根据相关技术标准规范编制施工方案。为确保透水混凝土工程质量，需要严把质量关，科学组织和安排施工，使施工程序、施工方法、施工组织有条不紊地协同开展，做到科学管理、合理安排。具体施工程序参考为：摊铺→振压→成型→表面处理→接缝处理。摊铺采用机械或人工方法，成型可采用平板振动器、振动整平辊、手动推拉辊进行施工。透水混凝土施工后应采用覆盖养护，洒水保湿养护至少 7 天，养护期间要防止混凝土表面孔隙被泥沙污染。

透水混凝土摊铺成型

透水混凝土园林道路施工中要注意的问题如下：

（1）带有图案的铺设，要考虑线条的形状和交接关系，曲线要自然、顺畅、清晰。

线条自然、顺畅、清晰

（2）透水混凝土的设计施工要考虑雨水的收集与排放，其与绿地、排水系统的连接必须满足景观要求。

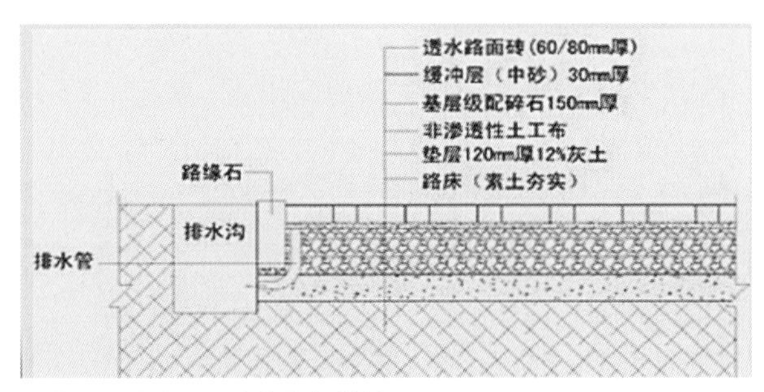

透水混凝土路面雨水收集与排放

利用道路两侧进行雨水排放与收集

（3）透水混凝土路面色彩选用应根据其功能确定，并需与周边的环境统一协调。

色彩选用和功能与周边环境协调

3.2.4 汀步

陆地汀步施工的程序大致与石材路面相同，水中汀步需根据汀步的具体形式以及水体的具体情况分别对待。

（1）汀步间距一般按行人步长 600 ~ 650 毫米设计为宜，以汀步石中心间距计算。嵌草缝一般不小于 100 毫米。

（2）园林汀步的基础垫层使用混凝土时，其强度不应低于 C15，基层的四周尺寸应比面层尺寸大 50 ~ 60 毫米。若采用汀步石，应至少一半埋入土中，以确保其稳固。

（3）汀步间的填土以低于汀步面 20 毫米为宜，若下方有混凝土层，土层厚度不应低于 150 毫米。

（4）水池中汀步施工时应考虑浮力的影响，一般应采用 1 ∶ 3 水泥砂浆砌筑，汀步的顶面距水面的最高水位不应小于 150 毫米，汀步的表面应进行防滑处理，踏步面积不应过小。

汀步间距及草缝宽度应适宜

3.2.5 嵌草铺装、植草停车位施工要求

（1）植草砖和植草停车位工程应注意基层的分层处理。

（2）植草砖和植草格应按外观进行筛选，植草砖施工前应浸水且湿润。

（3）植草砖停车位与路面衔接要协调，不产生陡坎。

（4）植草砖和植草格停车位应以沙土为结合层，厚度应满足设计要求。

（5）植草砖和植草格种植穴内应填足量种植土，种植土松填与砖面平齐，使铺草压实后草皮恰与砖面平齐。

植草砖草皮生长后应与砖面齐平

3.2.6 路缘石、台阶施工要求

（1）应采用同一批次材料，避免薄厚差异。转弯处模数计算应准确。应注意其与场地、挡墙铺装对缝位置协调。

（2）安放路缘石、台阶时，基础砂浆要找平，平稳安放，底部和外侧坐浆。

（3）应采用符合设计要求的结合层，并杜绝结合层有空隙。

（4）台阶一般高度为 100 ~ 150 毫米，宽度不小于 300 毫米，园林道路台阶应与路宽相等。

（5）每级台阶应设 1% ~ 2% 的坡度以便排水，若台阶表面较平滑或易磨损，应设防滑条。石材或贴面应切角处理，以免行人摔倒时磕碰危险。

（6）台阶较多时应设扶手和休息平台。

台阶应注意对缝与交接关系

3.3 施工中常见问题

3.3.1 石板路、混凝土路面、砖路常见质量问题

1. 问题描述

（1）园林道路或广场曲线转折生硬，视觉效果不佳。转弯半径过小，使用者易踩踏路边草地。

曲线转折生硬，视觉效果不佳

（2）石材、面砖模数与尺度不协调，边角出现碎砖，曲线铺装排布不合理，浪费材料且效果不佳。

（3）园林道路铺设砖纹方向与行进方向不协调，铺装面的纹理及材料色彩变化大。

曲线铺装排布不合理

砖纹方向不协调

（4）铺装沉降、碎裂。原因有：基础结构做法不正确或强度不足；面层接缝处防水未做好，雨水下渗和冲刷使垫层流失；伸缩缝未按要求填充；在不宜行车的园林道路或铺装上行车；铺设各种管线后，回填基础未能进行足够的压实。

路基未压实

路基未加宽

（5）卵石园林道路中卵石脱落

卵石脱落

2. 避免问题出现的措施

（1）在放线阶段做好质量把控，避免出现园林道路转折线条生硬等问题。

（2）面材敷设时，做好预排规划，避免出现碎砖、零碎边角，施工时严格按照预排规划进行。

（3）选择铺面石材、铺面彩色混凝土砖、马赛克等材料时，应一次性采购且应由同一家生产商提供，颜色应按设计要求的统一；按照设计的图案花纹施工，必要时进行样板施工，如设计中没有明确纹理图形的，应采用渐变的方法处理。

（4）道路、铺地的基础应有足够的强度和密实度，以减少铺饰面由于基础沉降而沉陷。

（5）铺设鹅卵石路面时，先夯实素土层，放置鹅卵石时，要将鹅卵石压实至深度 70% 为宜；鹅卵石安放前应清洗干净，避免杂质影响鹅卵石与砂浆的结合程度。

3.3.2 木材质路面常见质量问题

1. 问题描述

（1）施工木材含水率过高，开裂变形，木油脱落。

（2）拼接缝隙设置无规律，留缝不均匀，排列不规整，弧线不顺畅。

木油掉色、脱落

留缝不均匀，排列不规整，不对缝

（3）钉眼或接缝线错乱，高低不平，影响视觉效果。

2. 避免问题出现的措施

（1）加强材料验收，重点检查材料的规格、型号及质量是否满足设计要求，不合格的木材剔除不用。

（2）根据使用要求选用合适的固定螺钉，螺钉固定时应顺木纹；油漆工应严格按规范要求对板面修好钉眼。

（3）严格选材，含水率不大于 12%，木龙骨钉板的面层应刨光，龙骨断面尺寸应一致，交接处要平整，固定在基层要牢固；面板平接处应在木龙骨上，且两块板接头处应刨平、刨直。

3.3.3 透水混凝土路面常见质量问题

1. 问题描述

（1）路面不平，产生积水。原因有：基础质量不符合要求，产生沉降；表面排水坡度不足。

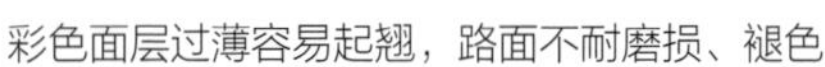

彩色面层过薄容易起翘，路面不耐磨损、褪色

（2）路面起砂、褪色。原因有：原料级配不合理，彩色面层过薄；路面被泥、灰尘污染，特别是酸碱性物质的腐蚀；无机颜料与胶结料黏结影响；彩色混凝土强度低、不耐磨。

（3）混凝土路面产生裂缝。原因有：结构层厚度、强度不足；混凝土切缝过迟、切缝间距过大或深度过浅；混凝土路面基础层不均匀沉陷引起路面板断裂；成品保护措施不到位，路面养护时间短，混凝土强度未达要求即开放通行。

（4）混凝土表面不密实光滑，有裂纹、脱皮、麻面及起砂等。

2. 避免问题出现的措施

（1）严格把控质量关口，选择质量较优的材料。

（2）混凝土强度达到70%时及时切缝，缝深应超过面层厚度，单块面积保持在25平方米左右。

（3）严格控制配合比、投料准确、结构层施工时留置的面层厚度，应满足设计要求，控制平整度。

（4）面层厚度要不低于5毫米。

3.3.4 汀步施工常见问题

1. 问题描述

（1）汀步的大小和间距不合理，行走不自然。

（2）汀步的基础混凝土尺寸过小，难以稳固支撑，或砂浆黏结不牢，导致汀步石移位。

（3）水上汀步过于光滑，自然石表面过平，会有一定的安全隐患。

（4）草缝过小，填土过少或流失，草生长不佳，导致汀步高出土地过多。

2. 避免问题出现的措施

（1）严格按照设计要求进行施工，在设计内容不合理时，积极进行反馈并现场调整。

（2）水中汀步施工时，严格检查钢筋混凝土的强度和质量，同时严格按照工艺要求施工。

（3）材料选择时，要进行反复试验，选择防滑效果好的材料。

（4）草地汀步之间的缝隙留出足够的植物生长空间，并做好排水设施。

3.3.5 嵌草铺装、植草停车位施工常见问题

1. 问题描述

（1）草坪生长不良或无法生长，导致露土。

（2）安装不平整，致使车压后砖块松动，应注意基层和植草砖的压实平整。

2. 避免问题出现的措施

（1）一般植草砖的草坪生长条件不佳时，尤其是停车位，应重视填充足够的种植土，并加强养护管理。

（2）严格把控施工质量，提升素土夯实、基层的压实度，避免出现砖块松动等情况。

3.3.6 路缘石、台阶施工常见问题

1. 问题描述

（1）因基础强度和质量问题导致的路缘石、台阶出现松动、脱落。

（2）转弯处人工切割造成分布不均、规格有差异。

（3）台阶未进行切角、防滑处理，有安全隐患。

（4）台阶未做排水坡度，产生积水情况。

2. 避免问题出现的措施

（1）强化基础施工质量。

（2）施工前，制作试铺样板，在切角、防滑、排水等方面进行严格规定，验收时严格按照样板规格进行验收。

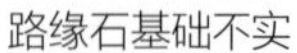

路缘石基础不实

圆弧为折线

3.4　园林道路使用中出现的问题及处理措施

“园林道路病害”指的是园林道路在使用的过程中，由于游客的不和谐的行为或者外界的因素导致了园林道路的破坏。目前，国内园林道路比较常见的病害有裂缝、凹陷、啃边、翻浆、沙害、冰害、雪害、水害等。

3.4.1　裂缝与凹陷

园林道路裂缝与凹陷的原因是施工之前没有做好地基的勘探，导致了路面地下的基土下沉，或者由于基层不够厚，路面发生了凹陷。人为的原因也会导致园林道路的裂缝和凹陷，比如过重的负荷使得路面发生裂缝，因此，在园林道路养护中，要避免园林道路的超负荷使用。

道路裂缝与凹陷

3.4.2　啃边

园林道路能够横向稳定的原因是路肩和路缘石能直接地支撑住路面，所以，为了让园林道路更加稳定，路肩和基土需保持紧密和结实，且必须有一定的坡度，不能垂直，否则容易导致雨水侵蚀道路，同时路面上的车辆也容易破坏道路。园林道路从边缘裂开，往中间发展，这种破坏现象就叫作啃边，为了防止“啃边”现象出现，需定时对园林道路进行检查，对出现裂缝或者路面倾斜的地方进行修复，防止破坏的加剧。

道路啃边

3.4.3 翻浆

在我国东北等地区，长期的有季节性的冻土出现，导致了地下的水位较高，这一点最为严重的就是粉砂性的土基的毛细管比较活跃，从而导致了路面下的水分上升，冬季来临的时候，气温急剧下降，导致水分在园林道路下形成大小不等的冰粒，直接导致了园林道路下土壤的体积变大，园林道路就出现了隆起现象。到春季的时候，园林道路下的上面一层的冻土较快融化，但是，路面下面比较下层的冻土还没有融化，使园林道路的土基形成了又湿又软的橡皮状，直接导致了园林道路的承载能力减弱。这时，如果园林道路上有车辆行驶，容易导致园林道路下陷附近的路面出现隆起现象，泥土从裂缝中被挤出来，从而园林道路遭到破坏，这种现象叫翻浆。

翻浆后的道路

1. 防止翻浆的处理原则

为了防止园林道路中的地面水、地下水或其他水分在园林道路基土冻结前或冻结过程中进入园林道路路基的上部，我们可以把聚冰层中的水分进行排除，或者，我们可以将这些水分引到透水性比较好的路面部分，进行海绵化处理；总之，要秉承改善土基及路面结构的原则，同时，采取综合措施对翻浆进行防治。

2. 防止翻浆的主要措施

第一，要重视路基排水工作，从而达到提高路基强度的目的。第二，可以增设道路隔离层。第三建设合适的路肩盲沟和渗沟，让水分及时排出。第四，进行换土，从而改善园林道路的路基结构层，可以选择砂（砾）垫层和铺设水泥稳定类、石灰稳定类或石灰工业废渣类基（垫）层等进行园林道路的铺设。第五，在秋季，要采取有效措施防止过多的水分渗入到路基。第六，在冬季来临的时候，定期清除路面的积雪。第七，夏季做好修复被翻浆破坏的路基的工作，从而从根源上避免翻浆再次出现。

3.4.4 沙害

我国西北地区，园林场地所处的位置风沙较大，因此，对这些地区的园林道路和广场的养护管理要注重"沙害"防护工作。首先，要注意对路基进行防护，防止风对路基的侵蚀。然后，采取在园林道路旁边种植树木的方式来防风盾沙，同时，我们可以用具有黏性的土壤、砾卵石以及无机结合料、有机结合料等对路基进行防护。

3.4.5 冰害、雪害

园林道路的冰害是因为冬季园林道路路面积水过多，导致了结冰，从而形成了冰害。出现雪害的原因主要是冬季的降雪或者风吹雪。冰害、雪害对于园林道路的影响很大，所以，一旦发现园林道路出现了冰害、雪害，我们就要及时进行处理，清理冰块和积雪，在清理的过程中，要避免使用化学物质，因为化学物质容易损害路面。使用机械来清理的时候，也要注意不要让机械破坏了园林道路。

3.4.6 水害

园林道路积水后，园林道路路面就会受到水害的威胁。出现这种情况时，需及时清理积水，然后，在园林道路安装或修复排水设施，防止园林道路再次出现积水，对于园林道路中低洼凹陷的路面要进行必要的养护管理，减少积水的存留。

3.4.7 小结

只要在施工的时候严把施工质量管理的关口，同时，在平时做好对园林道路的养护管理，就能够提高园林道路的使用效果及年限，降低园林道路被破坏的可能。